拉普拉塔的博物学家

［英］威廉·亨利·赫德森（William Henry Hudson） 著
胡雪娇 译

电子工业出版社
Publishing House of Electronics Industry
北京·BEIJING

内容简介

博物学家威廉·亨利·赫德森在南美洲拉普拉塔大平原生活多年。面对地球表面的巨变、动植物王国里无数优美物种的灭绝，以及现代工业的发展带来的旧秩序及与旧秩序相伴的美感与优雅的消失，他提笔记录下野生动物未被人类征服的自由与野性、优雅与活力。他像一位游吟诗人，用优美多变的笔触和刻骨铭心的情感，刻画了那一片大地上鲜活灵动的生命以及它们少有人知的行为及其中蕴含的智慧，探究了它们的生存延续到底是因为智慧还是本能，以及它们是不是不具备理性、也没有感情。

未经许可，不得以任何方式复制或抄袭本书之部分或全部内容。
版权所有，侵权必究。

图书在版编目（CIP）数据

拉普拉塔的博物学家/（英）威廉·亨利·赫德森（William Henry Hudson）著；胡雪娇译. —北京：电子工业出版社，2019.6
ISBN 978-7-121-36272-9

Ⅰ.①拉… Ⅱ.①威… ②胡… Ⅲ.①自然科学－科学考察－文集 Ⅳ.①N31-53

中国版本图书馆CIP数据核字（2019）第063237号

书　　名：拉普拉塔的博物学家
作　　者：[英]威廉·亨利·赫德森（William Henry Hudson）
译　　者：胡雪娇
策划编辑：龙凤鸣
责任编辑：郑志宁　　特约编辑：蒋红燕
印　　刷：天津画中画印刷有限公司
装　　订：天津画中画印刷有限公司
出版发行：电子工业出版社
　　　　　北京市海淀区万寿路173信箱　　邮编：100036
开　　本：720×1000　1/16　　印张：14.75　　字数：218千字
版　　次：2019年6月第1版
印　　次：2019年6月第1次印刷
定　　价：68.00元

凡所购买电子工业出版社图书有缺损问题，请向购买书店调换。若书店售缺，请与本社发行部联系，联系及邮购电话：(010) 88254888，88258888。
质量投诉请发邮件至zlts@phei.com.cn，盗版侵权举报请发邮件至dbqq@phei.com.cn。
本书咨询联系方式：(010) 88254210，influence@phei.com.cn，微信号：yingxianglibook。

目录

v 序

001 第一章
 荒凉潘帕斯

021 第二章
 美洲狮

037 第三章
 生命之潮

043 第四章
 动物的武装

051 第五章
 鸟之惧

061 第六章
 亲体本能与早期本能

069 第七章
 臭鼬

075 第八章
 蝗虫的拟态与警戒色

079 第九章
 蜻蜓风暴

083 第十章
 蚊蚋与寄生

093 第十一章
 熊蜂及其他

099	第十二章 高贵的黄蜂	157	第十九章 自然界歌舞秀
103	第十三章 大自然的夜灯	173	第二十章 平原绒鼠小传
109	第十四章 蜘蛛闻思录	187	第二十一章 原驼将死
121	第十五章 假死	197	第二十二章 牛的怪异本能
125	第十六章 蜂鸟	209	第二十三章 马与人
135	第十七章 冠叫鸭	219	第二十四章 得而复失
143	第十八章 鸳雀科		

本书于1892年初版,同年重印,第三版增添附录后于1895年1月付印。至今已绝版多时,而阅读需求不减,作者与出版社颇受鼓舞而再次发行当前的新版本。此次印刷较之前略有变动。

以下段落摘自前几版序言。

"本书的写作计划是,凭我个人判断,筛选我观察、收集到的一系列动物习性,择其中最有价值的部分记录下来。写作时,许多对象在我脑中彼此纠缠,因而有时会把多个对象归在同一标题下,使写作内容与目录里的标题不能完全对应,不过索引部分弥补了这个不足。

"给这类书找个恰当的书名,并非易事。我自知书名缺少新意,且自《亚马孙河上的博物学家》出版以来,参照其架构的许多作品都借用了这种命名方式。对此我深感抱歉。不过拉普拉塔南部地区声名远播,相关的内容亦不少,这里气候温和,自然风貌谈不上雄壮或繁盛,所以如果用个人化的风格来写作此地的博物志似乎反而是多余的,我想读者也一定欣然认同。

"所有动物之中,鸟类给我带来的乐趣最多,但我所收集的关于鸟类的大部分新知识都辑录在另一部更厚的书里——即我与斯克莱特博士(Dr. P.L. Sclater)合著的《阿根廷鸟类大全》。因为本书没有重复收录《阿根廷鸟类大全》中已有的话题,所以其中鸟类部分的内容并没有占据过多比重。"

威廉·亨利·赫德森

1903年6月

第一章 / 荒凉潘帕斯

THE DESERT PAMPAS

1

近年来听到不少消息说，在欧洲人殖民的这颗星球上，所有温带地区的动植物都在遭遇惊人的剧变。如果把此类变化仅仅看作是物质文明进步的证据，那么一定有人觉得是大大的好事。他们为人类这套文明体系沾沾自喜，甚至喜不自胜，觉得人类凭智慧战胜大自然、实现人口急剧增长是天经地义的。而另一部分人则更钟情于未被人类征服的自然野性，这些人不以效率为唯一追求，是那种乐于骑着马或坐着牛车慢慢赶路的人。他们会哀悼地球表面的巨变，痛惜动植物王国里无数高贵优美物种的消逝，并且无论如何也没法真心喜爱取代了灭绝生物的那些物种。取代者是经人工培育和驯养、对人类有用的物种，而它们之所以能为人所用，正是因为丧失了自由与野性所赋予的优雅与活力。数量上它们占绝对优势——这里2500万头羊，那里5000万头，再换一个地方有上亿头，但种类上比起因此灭绝的物种，不是显得很微不足道吗？假如有一天，某个农场主突然本能地渴望丰富与多样，尽管他这种本能常被另一种扭曲的、破坏自然的本能所压抑，那么除了他坐拥的羊群、麦田，除了他领土之上、蓝天之下无所不在的野草，还会剩下些什么呢？地里顽强的野草，屋里顽强的老鼠与蟑螂，这古老的单调之外，恐怕已别无他物了。

这方面消息大多围绕北美、新西兰和澳洲大陆展开，其实地球上没有哪个地方留下的文明痕迹比潘帕斯多。这块让文明弄得面目全非的大平原在英语作家笔下是潘帕斯，在西班牙语里则被更加确切地称作"拉潘帕"，借用了克丘亚语①的单词，意为开阔的空间或旷野——因为这儿属于绵延不绝的拉普拉塔平原的一部分，东起南纬32°处的巴拉那河，南以科罗拉多河为界与巴塔哥尼亚高原相接，有大约50万平方千米湿润的大草原。

这一地区早在16世纪中期就被欧洲人殖民，但一直到几年前移民的规模仍然相当有限，所以不至于引起显著的变化。单就潘帕斯平原而言，欧洲殖民者征服的土地不过细细长长的一块，是纯粹的牧区，当地印第安人凭借原始的战术完全

---

① 克丘亚语是南美洲原住民的语言，有许多方言，在阿根廷、玻利维亚、巴西、智利、哥伦比亚、厄瓜多尔、秘鲁等地使用。——译者注

能够阻挡欧洲入侵者进一步侵占他们世世代代的狩猎场。就在十几年前，从阿根廷首都布宜诺斯艾利斯出发，骑行区区300km就能到达西南角的移民点。1879年，阿根廷政府下令驱逐国内的印第安土著，或者说决心不计代价彻底根除他们烧杀抢掠的恶习。此后，潘帕斯的整个草原地区，以及干燥潘帕①和巴塔哥尼亚高原的绝大部分地区都落入了欧洲移民手中，再没有什么能阻止旧世界来的饿鬼染指这片全新的希望之地。这儿与澳洲一样，虽不是《圣经》所描绘的流着牛奶与蜂蜜的天堂，却也是流着牛奶与牛脂的丰饶之地。任何一个来自热那亚或那不勒斯贫民窟的面黄肌瘦的移民，现在操起一把八先令的鸟枪，带上家伙，就有本事上这儿来"开荒"。本来一声吼就能把移民吓破胆的野蛮人被赶走了，避到了一个印第安语里叫"阿鲁耶马普"的远方，连地理学家都对此地毫无概念。欧洲人长久以来的愿望终于在罗卡将军出兵远征后实现了。而长达三个世纪的殖民侵占给潘帕斯带来的改变，根本无法与过去短短十年间它所历经的巨变相比。

变革的巨浪横扫潘帕斯的旧秩序以及与旧秩序相伴的美感与优雅。鉴于此，当下需由本地博物学家对大平原来一个速写，以记录欧洲的殖民力量没有深入前此地的风貌。在偏远地带，草原的本来样貌还有所保留。

粗略而言，温润的潘帕斯草原东起大西洋，西至安第斯山脉，自拉普拉塔河与巴拉那河一带慢慢向西过渡为所谓的"干燥潘帕"，即平原西南部沙质的、相对贫瘠的区域。干燥潘帕上生长着干硬的木质植被，主要是多刺的灌木与矮树丛，其中阿根廷刺木最为普遍，也因此有作家称此地为"刺木大草原"。这片平原一直朝南延伸至巴塔哥尼亚高原。科学家至今无法解释为什么潘帕斯如此湿润的气候和肥沃的土壤只能长出草来，而其西部、南部和北部边界的土地如此干燥贫瘠却长出了木本植物。达尔文曾推测，这与从安第斯山脉吹过潘帕斯草原的强冷风有关，冷风遏制了树木生长。现已证明这个推论站不住脚，因为草原上成功引种了

---

① 潘帕斯平原大致以500mm等雨量线为界分东、西两部分，东部为湿润潘帕，西部为干燥潘帕。湿润潘帕面积约53.5万平方千米，干燥潘帕面积约12.8万平方千米。——译者注

蓝桉树。高贵的蓝桉树在潘帕斯茁壮成长，发育得格外高大，枝叶比在澳洲故乡时还繁茂许多。

这块大平原就是我的"塞尔伯恩"①。它一面是大西洋，另一面是无垠的草海，一片并不汹涌的平静之海，我愿引导读者来想象这块平原。平原上没有山林、江湖，因此很容易想象。也确实没什么可想象的，其实即使连那广袤之感也几乎不必去想。达尔文在《博物学家杂志》上谈到这一点时讲得很巧妙，"在海上，如果人眼高出海面1.8m，他的视界最远只能到4.5km处。同样的道理，平原越是平坦，视界便越近。因此我认为，当你真正站在平原上，你所有关于它如何广袤无边的想象都会荡然无存。"

我长年居于平原地带，视野受限，至今还记得与山的第一次亲密接触。那是科连特斯角②附近锯齿状山脉中的一座，高不过250m。当我登上山顶时，为这样的高度所呈现出的大地之辽阔而深受震撼。生于斯长于斯的潘帕斯人初到山区，看到平原如此开阔，难免不时有深深的感动，似乎连呼吸都困难了。

一种粗砺的野草占领着潘帕斯大部分肥沃而干燥的土壤，一丛丛地生长着，全年长青不凋。草丛中还长着一些细弱的牧草和三叶草，纤长的茎干彼此交缠，勉强生存在夹缝中。其他植物都让这种顽强的野草挤走，偶尔一两朵小花冒出来，打破这四季常青的单调。有的地块，或是更大面积的土地上，不长这种草，小小的匍匐着的草类地毯般地铺开，颜色是轻松活泼的绿。春天的时候生出各式花朵，以菊科和蝶形花科的小花为主，显得特别欢快。还有猩红、绛紫、浅粉和白色的马鞭草。在湿润的草地与沼泽区，则长着红黄白色的百合花，两三种菖蒲。但总的来说，比起地球上其他土质肥沃的地区，潘帕斯

---

① 塞尔伯恩是地处英国伦敦的一个偏僻村落，因英国著名博物学家、自然散文作家吉尔伯特·怀特的经典名著《塞尔伯恩博物志》一书而出名，此处作者即是指涉本书，称潘帕斯是他的"塞尔伯恩"。——译者注
② 科连特斯角是墨西哥哈利斯科州西南部的海岬。——译者注

的植物群品类最不丰富。草原潮湿的黏土出产潘帕斯蒲苇，草尖一般能长到近3m高。我曾经在大草原上骑行穿越绵延约15km的蒲苇丛，骑行时蒲苇草的羽穗都有齐头高，有些比我的头高出不少。在特定时节，百草皇后潘帕斯蒲苇所展现的美是孤寂大草原上的大美，我的笔无论如何也没法再现这种美感。人工栽种的潘帕斯蒲苇，大家多多少少都不陌生。在我看来，园林里的潘帕斯蒲苇总是耷拉着，一副衰败的可怜相，难看极了。草叶枯而密，拖垂在地，顶部的羽状草穗死白死白的，要么就是脏兮兮的奶油色。而颜色恰是土生潘帕斯蒲苇的美之所在，云般纯美的草穗罩着一抹红晕，色泽空灵。旅人如果在草穗枯萎的季节骑马过草原，就必然错过了潘帕斯蒲苇的非凡魅力。蒲苇草喜与他者共生，如果有些地方恰好没有其他植物生长，那就成了蒲苇草羽穗的海洋，一片白绒绒的轻盈之海。夏末或是金秋，草穗色泽多样，不一而足。如梦似幻般温柔的浅粉，像是海鸥柔嫩的白色羽翅里透出的淡红，也有深浅不一的紫色。最美当然莫过于黄昏时，日落前后，柔和的光线给丛生的羽穗施上一层薄纱。草原上的旅人不由得驻足遐想，疑惑这华美色彩的来由：究竟是因为夕阳的照射，还是反射了晚霞蒸腾的云气？

  最后一次在草原上看到正当其时的蒲苇草，是一个晴朗三月天的日暮时分。那是荒野中独有的日落景象，没有屋舍与篱笆来破坏大自然的野蛮无序，天地一片和谐。我与旅伴已骑行整日，一连二小时穿梭在那绝美的草丛里，方圆几千米都是成片的蒲苇。密密重重的白色草穗中间掺杂着各种色彩，交织到远处宛如一片彩云。忽闻背后传来嗖嗖的声音，我们猛回头，只见四五个印第安人正从约40m外骑马而来。看到他们的瞬间，印第安人的骏马一个急停，骑士们一跃而起，笔直地站在马背上。知道他们无意发起攻击，只是在寻找走散的马匹，我们便放下心打量起他们来。这几个印第安壮汉直立在马背上，朝着草原的不同方向瞭望。他们岿然、静默如一尊尊铜像，脚下的骏马是造型怪异的底座。黄昏的天空高远缥缈，泛着琥珀色的光泽，天穹下的印第安人肤如黄铜，头发又黑又长，在他们脚边及四下里满是蒲苇草的羽穗，像白云微微透着红光。与蒲苇草的那场告别鲜活地刻在我的记忆里,却始终难为外人道,纵有拉斯金①与透纳②的神笔也无法描绘。当大自然在特殊时刻展露出特殊魅力,那未经人工的天然之趣留存到我们灵魂深处,刻骨铭心。要刻画灵魂里的这番图景,难度恐怕与人学会像海鸥般飞翔相当,是一种极渺茫的可能。

其余的时节,尽管潘帕斯一望无垠,葱葱郁郁,阳光也充足,草原上的景象总不免有点儿单调。对不熟悉潘帕斯的人而言,大草原所唤起的这股压抑和伤感,无疑在很大程度上是因为草原上生命贫乏,静寂无边。可以想见,在这样辽阔的平原地带,风几乎不会止息。这儿的风仿佛是位游吟诗人,用千变万化的气息编曲,拨动琴弦奏出各式各样悲伤的乐音。荒地上风吹过,干瘦的草丛发出尖锐的嘶嘶声,时断时续;沼泽里风吹过,纤长优雅的灯心草呜咽着,神秘凄切之音起起落落。有趣的是,除了少数例外,此地的留鸟③相对来说也很沉默寡言。即使在别处本是聒噪饶舌的品种,来到潘帕斯也安静下来。原因倒很显而易见。茂密的森林里栖息着繁多的鸟类,盘错的枝桠是天然的遮蔽,出于呼朋引伴的需要鸟儿啼鸣不止,否则就只能各自走天涯。枝叶的消音作用也是林鸟放声高鸣的原因。而鸟类的竞争心理会引发一鸟叫百鸟应的争鸣,特别那些爱热闹的品种更是扯开嗓子高歌、狂呼、尖叫。但在开阔的潘帕斯草原上,一目千里,鸟儿们轻松就能找到朋友,也就没必要叫个不停。再者,那般寂静之中,声音能传很远。因此通常草原上的鸟鸣是一种奇怪的压低了的声音,环境之幽静影响鸟儿,使它们也养成了安静的习惯。不过水生生物就不同了。草原上的水生生物几乎都是从喧杂的环境迁移而来,混迹在湖边与沼泽,吵嚷个不停。奇特的是,压低了的鸟鸣(其中不乏极其甜美又有表现力的嗓音)与蛙声虫鸣极为相似,它们一起与苇

---

① 约翰·拉斯金(1819—1900)是维多利亚时代著名艺术评论家,此外还有多重身份——作家、艺术家、哲学家、思想家、地质学家等。他的写作题材广泛,因《现代画家》一书成名。——译者注
② 约瑟夫·马洛德·威廉·透纳(1775—1851)是英国最著名的画家之一,西方艺术史上杰出的风景画家,善描绘光与空气的微妙关系,尤长于水气弥漫的效果。——译者注
③ 终年生活在某个地区,不随季节迁徙的鸟统称留鸟。——译者注

间草中的风声构成了和谐的乐章。外来者,即便是个博物学家,如果不熟悉潘帕斯的动物群落,也一定分不清这儿的鸟叫、蛙鸣与虫声。

大平原上哺乳动物种类少,只有著名的平原绒鼠才称得上是潘帕斯货真价实的土著,换句话说,平原绒鼠似乎是为潘帕斯而生的,这儿的环境更与它的习性相配。事实上,这种大体型的啮齿动物分布在潘帕斯广阔的平原上,西部、南部和北部都有它们的踪迹,唯有在潘帕斯的草原地带它们才真正如鱼得水。在这儿,平原绒鼠甚至能像河狸一样因地制宜地筑窝。它们二三十只聚居着,过团体生活,栖于深广的地穴里,穴口紧密地挨在一起,像一口口井。由于长年累月定居于此,随着时间的流逝,从地下挖出的泥块不断在洞口堆积,越堆越多,最终形成一个直径约10m的小土丘,这对它们位于平原低地的住所起着防洪作用。平原绒鼠的行动并不利索,所有的肉食兽都是它的敌人。偏偏它又以叶嫩多汁的草类为食,为了觅食,少不得长途跋涉穿越高高的草丛,而它警觉的仇敌们正静悄悄地埋伏在草丛中伺机而出。出于安全考虑,平原绒鼠会把居所周边清理干净,除去草丛,清出一块平整光滑的草皮,它们在这里进食,相对安全地度过傍晚的休闲时刻。一旦敌方逼近,它们能立刻破获敌情并发出警报,鼠民们循声迅速逃进地洞避敌。而在土壤与植被不同于潘帕斯的地区,这样奇特的习性就没有什么特殊的生存优势了,因此可以说,正是潘帕斯的环境促生了平原绒鼠的特定习性。

河狸鼠与平原绒鼠的社交组织能力很强,自建的住所经久耐用,在这些方面它们算是哺乳动物纲里最接近人类水准的物种,但在动物分类学中被归入低等的啮齿目,真叫人大跌眼镜!更夸张的是,按沃特豪斯[①]的分类,平原绒鼠竟然被排到有袋目动物中的最低一等。

平原绒鼠是潘帕斯最常见的啮齿动物,种类最多。潘帕斯啮齿目动物中最为上等的是所谓的巴塔哥尼亚野兔,学名巴塔哥尼亚豚鼠。这种动物长得很好看,比普通野兔大一些,耳朵更短更圆一点,腿也长得多,皮毛呈灰色与栗棕色,是

---

① 指英国博物学家乔治·罗伯特·沃特豪斯(1810—1888),曾著《哺乳动物博物志》。——译者注

昼行性动物。巴塔哥尼亚豚鼠过着群居生活，总成对出现，或一小群同行。比起湿润的草原，它们更适应巴塔哥尼亚高原的贫瘠，但曾经也看到它们出没于潘帕斯的角角落落。不过这块土地向来没有威廉·哈考特爵士[①]的智慧来均贫富，如今啮齿动物之王巴塔哥尼亚豚鼠在潘帕斯已几近灭绝。

此地另一常见啮齿动物是河狸鼠，它毛色泛黄，门牙是亮红色，形似老鼠，体型和水獭差不多大。河狸鼠临水而居，穴居于河岸边，或在激流中搭筑平台作窝。傍晚来临，它们结伴到水里嬉游、交谈，讲着语调奇特的河狸鼠语，听上去像是伤者因疼痛而发出的呻吟、叫喊。其中还能看到游泳的河狸鼠妈妈和她的八九只河狸鼠宝宝。往往妈妈背上驮着几只鼠宝宝，另外还剩下好几只追着她游，哭闹着也想爬上去搭个顺风船。

提到河狸鼠，布宜诺斯艾利斯还有过一桩奇事。我们知道，河狸鼠繁殖能力很强，但50年前它们在潘帕斯的队伍远比今天庞大得多。河狸鼠粗长的外层皮毛下长着光滑细嫩的皮毛，过去曾被大量出口到欧洲。独裁者罗萨斯[②]在统治期间，颁布法令禁止猎捕河狸鼠，造成潘帕斯的河狸鼠急剧繁衍，数量暴增，并渐渐抛弃原本的水生习性，迁到陆上生活，它们在草原上成群出现，四处觅食。然而天有不测风云，忽然间恶疾降临，河狸鼠大量死亡，几近灭绝。

试想，恶疾若是入侵了对的地方，攻击了对的物种，比如野兔成灾的澳洲大陆，必是件大好事！相反，一种无药可解的传染病，疾风过草原一般大范围地迅猛传播，如果是农场主数目庞大的羊群遭了殃，该是多大的灾难啊！当自然女神眼睁睁地看着来到草原的移民肆意宰杀她的孩子——许许多多因此灭绝的四腿野生动物，任性践踏她古老尊贵的天然秩序，谁能知道这位仇怨必报的神祇在秘密

[①] 威廉·哈考特爵士（1827—1904）是英国政治家，于1894年推动英国遗产税改革。19世纪末英国贫困、失业、健康和财富分配等社会问题日益严重，为体现社会公平，防止贫富悬殊日益扩大危及社会稳定，英国政府对遗产税进行了改革，即1894年的遗产税改革。——译者注

[②] 罗萨斯即胡安·曼努埃尔·罗萨斯（1793—1877），于1829—1852年独裁统治布宜诺斯艾利斯省及其同盟省份。——译者注

酝酿着什么样闻所未闻的残忍报复！

另一种值得注意的潘帕斯小型啮齿动物是南方小豚鼠，当地人按照它的叫声给它命名。这是一种胆小的群居动物，颜色与老鼠相近，好发咕咚之声，颇似流水汩汩作响，习性则与它那毛色斑驳的近亲豚鼠很像。由于喜欢在整洁的地面上跑动，往往在藏匿之处的周边留下许多活动路径的痕迹，给狐狸等天敌透露了不少线索。据此我猜测，这种小豚鼠乃至所有豚鼠属动物都不适宜生存于潮湿的潘帕斯草原地带，潘帕斯的其他区域相对来说更合适。在那儿它们既能在干燥的荒地上尽情地奔跑嬉戏，又能藏身于灌木丛。

更有趣的是巴塔哥尼亚栉鼠，体型比老鼠小，尾巴比老鼠短，毛色呈浅灰，门牙呈红色，也因叫声而得名"*tuco-tuco*"。它另一个西班牙语名字是"*oculto*"，意为"隐蔽的，隐秘的"，这与它的习性有关。巴塔哥尼亚栉鼠是地下居民，和鼹鼠一样，会在松散、沙质的土壤里刨土穿行。南美草原湿重的黏土并非巴塔哥尼亚栉鼠的上佳选择。因此，哪怕草原上有那么细细的一条沙土带或是哪里冒出来几个沙丘，在那儿你准能发现巴塔哥尼亚栉鼠。不见其影，但闻其声。它们的响声昼夜不息，像是锤子一连串的击打声，仿佛地下深处有一大群精灵挥舞着铁砧在不知疲倦地劳作。开始是稳重有力的强击，然后越来越快，带着律动和节奏，好像精灵在为它们鼠界的圣乐打击伴奏，地面上的我们自然是听不大清的。巴塔哥尼亚栉鼠惯于地下生活，喜欢沙质土壤，那它们究竟是如何从理想的栖息地不远万里迁移到草原上，建立起那些定居点的呢？毕竟它们不像老鼠能长途迁徙。也许是沙丘移动，顺带着把巴塔哥尼亚栉鼠带到了草原上。

潘帕斯的食肉动物中最厉害的就是南美两大"猫王"——美洲虎与美洲狮。二者谁为大王，别处的情况我不知道，但称霸潘帕斯的非美洲狮莫属。美洲狮的种群规模比美洲虎大，更适应当地环境。美洲狮精通各种捕猎技巧，出没于南美草原并不奇怪。可性喜山林河流的美洲虎为什么也来到了这块相对寒冷干燥、树木稀少的荒凉之地呢？很可能是因为过去这片土地上大型哺乳动物极多，美洲虎是被丰富的猎物吸引来的。潘帕斯还有两种重要的猫科动物：一种是草原猫，形体健壮、毛色深,和家猫相似,但比家猫更大更有力,性格极野蛮;另一种是乔氏虎猫,体型更大更优美,身上有豹纹,也称为森林猫,看名字可知,是从潘帕斯北部林地迁来的移民。

还有两种犬科动物:一种是阿萨拉①的灰狗,不仅长得像狐狸,习性也和狐狸一模一样,在潘帕斯随处可见;另一种是阿瓜拉,它非常有趣,并且极为稀有。与阿瓜拉血缘最亲的是"大狐",即博物学家口中的鬃狼。阿瓜拉比鬃狼小,没有鬃毛。它与野狗身材相仿,比野狗更加纤细,嗅觉更灵敏,毛色更亮更红。夜宿野外时我曾听见阿瓜拉的悲嚎,却怎么也找不到它的影踪。高乔人②只告诉我它们不会伤人,是一种性情害羞的独居动物,为了躲避人类残杀逃到了遥远的荒野。高乔人还给了我一张阿瓜拉的皮毛,以为这是我此行的目的。高乔人的灵魂多么简单啊!于我而言,这不过就是一条死狗的皮肤连着长长的亮红色的狗毛。爱好死动物的人大可以拿把铲子在潘帕斯这个巨大的公墓里挖掘,千千万万远古动物的尸体埋葬于此。而我钟爱的是大地上鲜活灵动的生命。如今在南美阿瓜拉早已所存无几,数量一年年不断减少,越来越珍稀。

除了无处不在的邪恶的臭鼬外,潘帕斯上还有两种长相奇特的鼬,它们毛色浓黑,背部与头部是灰色。其中一种是南美巢鼬,体型大,胆子也大。身体细长的南美巢鼬坐起来时,双目如珠,炯炯有神,对着过路者咧开嘴叽叽喳喳,看上去就像是身着黑袍头戴大灰帽的迷你版修士。但那圆脸上的表情却穷凶极恶、嗜血成性,所以魔鬼也许是更恰当的比喻。

严格地说,潘帕斯只有一种反刍动物,即潘帕斯鹿,在草原上很常见。潘帕斯鹿最奇妙之处就是公鹿会释放一种奇臭无比的麝香味气体,气味极强烈,风一

---

① 阿萨拉(1746—1821)是西班牙军官、博物学家。1781年阿萨拉作为西班牙代表团一员被派到拉普拉塔河流域,此后二十年间,他在拉普拉塔地区考察当地自然与地理,发现并记录了当地许多种生物,其中很多新大陆的物种就以他的名字命名,后出版了许多相关著作,广受好评。达尔文也对他评价颇高。——译者注
② 高乔人是拉丁美洲民族之一,分布在阿根廷潘帕斯草原和乌拉圭草原。他们是由印第安人和西班牙人长期结合而成的混血人种,保留较多印第安文化传统。——译者注

吹甚至能传5km远。偌大的潘帕斯草原，很适合食草四蹄动物生存，然而这里的野生反刍动物却只有潘帕斯鹿一种，真令人费解。现在，潘帕斯的一部分区域以丰美牧草供养着8000万头牛马羊。把《猛犸与大洪水》一书作者的学说放在拉普拉塔地区，几乎毫无矛盾之处。

潘帕斯的贫齿目动物共有四类。大犰狳[①]，活动范围有限，潘帕斯没有它们的踪迹；精巧的粉色倭犰狳是门多萨沙丘的居民，也从没到过潘帕斯草原。潘帕斯的犰狳居民有骡耳犰狳、三带犰狳、小犰狳和披毛犰狳。骡耳犰狳得名于它那对特别的长耳；三带犰狳一遇到危险就把身体蜷缩成球，楔形的头和尾缩进甲胄里，不多不少恰到好处。骡耳犰狳、三带犰狳和小犰狳这三种犰狳都是昼行动物，食昆虫，以蚁类为主。昼行本是它们的生存优势，因为犰狳生猛的天敌多是夜行动物。但也正是因为昼行的习性，以及相对迟钝的感官，尤其是视力差，一旦栖息地有人类定居，它们很快就会被赶尽杀绝。披毛犰狳是最重要的一种潘帕斯犰狳。披毛犰狳习性奇特，与它那些行将灭绝的近亲大不相同，而且似乎颠覆了不少关于动物的真理。作为杂食动物，披毛犰狳吃包括草及肉在内的所有可以维系生命的食物。既吃自己想方设法弄来的鲜肉，也吃自己发现的尸体腐肉，且不挑剔，不管尸肉腐烂到什么程度都吃。更厉害的是，它会改变习性来适应环境：天敌是夜行的食肉动物时，它就在白天活动；人类是主要的迫害者时，它又变成了夜行动物。为了吃到披毛犰狳的肉，有人还专门训练猎狗去抓捕它。但事实上，当一个地区人口增长，披毛犰狳的数量却不减反增。如果把变通的习性和环境适应性纳入智力考察的标准，那么披毛犰狳比脑部发达的犬科动物和猫科动物具有更高的智慧。这可怜的动物以顽强的生命力存活到了今天，要知道它可是和雕齿兽[②]同期的远古生物啊。

[①] 犰狳是哺乳动物，身体分前、中、后三段，头顶和背部等处有角质鳞片，昼伏夜出，吃昆虫、蚂蚁和鸟卵等，生活于美洲。——译者注
[②] 雕齿兽是一种从南美的化石中发现的犰狳状食草哺乳动物，生活在上新世、更新世，约于一万年前灭绝。——译者注

谈完负鼠，哺乳动物就告一段落了。潘帕斯有两种有趣的负鼠，虽为同属，但习性上彼此就像猫和水獭那样相去甚远。一种是粗尾负鼠（Didelphys crassicaudata），常怡然自得，与潘帕斯的环境极为匹配。为此，关于前面所下定论，即平原绒鼠是潘帕斯上唯一土生土长的物种，我几乎要考虑收回了。这种动物，头部与身体都呈细长的楔形，与当地环境相适应的完美体型使它得以在茂盛的杂草丛与灯心草丛中穿梭自如。而水陆两生的习性与易被水淹的平原低地相得益彰。在旱地上的习性与鼬相似，在水里能潜能游，搭的窝是球形的，悬在灯心草丛上。粗尾负鼠毛很柔软，艳黄色，顶部泛红，体侧里层的毛色变化多样，部分区域是橘色，部分是漂亮的铜色和赤褐色。好在这美丽的毛色与金属光泽会迅速褪去，否则粗尾负鼠也逃脱不了被大肆猎捕、买卖的命运，那些好用动物尸体和鸟羽兽毛打扮自己的人会急着把它们穿上身。另一种是黑白相间的南美负鼠（Didelphy sazarae），它们在潘帕斯出没虽也让人困惑，但还不至于像巴塔哥尼亚栉鼠那么让人费解。南美负鼠在地面上行动缓慢而笨拙，但这并不表示它不是一个伟大的行者。楚迪①在安第斯山脉的海拔极高处见过它们，我也曾在巴塔哥尼亚与这无法无天之徒相遇，而据书本记载，巴塔哥尼亚高原上是没有有袋目生物的。方方面面都表明南美负鼠适宜树上的生活，可偏偏平地上它们也无处不在。原本在我们的想象中，平地与南美负鼠的生存环境实在相去甚远。这种有袋目生物来到平原，它最得意的种种本领从此被弃置不用，善于抓握的爪子被平放在地面上用于爬行，善于缠绕的尾巴像条松垮的绳子直挺挺地拖在身后，就这样生生世世度过了多少个千年！可一把它放到树上，顷刻间，它就像鸭子入水、犰狳在地般自然，爬树攀枝和猴子一样灵活敏捷。大自然是多么不情愿让自己的作品退化啊！自然母亲的伟力啊！一个特殊的器官和与之相应的本能即使经久不用，一旦需要就能即刻激活，生猛、利索一如既往，仿佛还是在地球混沌初开、生物竭尽本能为生存苦苦挣扎的远古时代。

---

① 楚迪（1818—1889）是瑞士博物学家、探险家和外交官。——译者注

因为水鸟数量大，潘帕斯的鸟纲动物比哺乳纲动物丰富得多。这里的水鸟大多是候鸟，在潘帕斯有固定的繁衍地或生活区，它们是这儿的"流动人口"，因此大平原的环境对它们的习性并没有决定性的影响。水鸟大约有18种，包括鹳、朱鹭、鹭、琵鹭、红鹳等。最引人瞩目的是两种大型朱鹭，几乎有火鸡般大小，声音洪亮有力。雁形目①很多，至少有20个品种，包括两种每到冬天就从麦哲伦海峡一带造访潘帕斯的草雁，以及两种黑脖子红嘴的优雅白天鹅。秧鸡科②有10～12种，既有浑身花斑的小鸟，个子与画眉差不多大；也有威风凛凛的大鸟，秧鹤就是其中之一。秧鹤又被称为"疯寡妇"，因为鸟羽颇似寡妇穿的丧服，且鸣声长而凄切，寂静的夜晚一两千米外仍清晰可闻。大林秧鸡羽色斑驳，好热闹喜群聚，如果集结在一起歌舞，整个沼泽都回荡着它们的啼鸣，声音与人声几乎一样。斑胁水鸡体型较小，夜啼声如歇斯底里的尖锐狂笑，因此得名"女巫"。美洲斑秧鸡则因鸣声如驴，又名"小毛驴"。这些鸟儿的叫声都是那样怪诞可怖。剩下的水鸟中，距翅冠叫鸭是最重要的了，它十分高贵，体型大如天鹅。冠叫鸭最爱的消遣是翱翔飞升，直至没入青天，然后在青云之上引吭高鸣，声音动听如赞美诗，传到遥远的地面竟还十分清亮，如钟声般有节奏地起起落落，也在夜间啼鸣，高乔人管它们叫"计时鸟"。当它们成千上万地齐聚、合唱时，声音洪亮有力，蔚为壮观。

最大的水鸟是鸻形目——鹬科、鸻科鸟等，约有25种。潘帕斯有聒噪的麦鸡，漂亮的黑翅长脚鹬，但严格来说，只有一种羽毛纯色的鹬和一种彩鹬是这儿的常住居民。神奇的是，在这25种鸟中，从北美洲来访的至少有13种，有的繁衍地甚至远在北极地区。关于候鸟迁徙有许许多多难以置信的真相，而这只不过是其中一条罢了。迁徙的鸟类彼此间习性大异，有山地鸟类、湿地鸟类和海鸟三

---

① 雁形目是鸟纲下的一个目，包括了人们通常所说的鸭、潜鸭、天鹅、鹅，以及各种雁类等鸭雁类的鸟。——译者注
② 秧鸡科有34属148种，包括秧鸡、田鸡、苦恶鸟、水鸡、骨顶鸡等，是涉禽中种类最多、分布最广的一科。善于快速步行，偶尔也会短距离飞行。——译者注

种。它们在1年2次的旅途中要飞越不同气候和许多地区，而每飞到一处，当地的环境似乎正好能符合它们当时的需求。每年八到九月，它们就陆续来到潘帕斯，来时金鸻还没脱掉它的婚羽①——一身黑色西装②呢，杓鹬、鹬、鸻科鸟、漂鹬等以不同的方式飞到潘帕斯，有的是独行，有的成双成对，有的结成小群体，有的浩浩荡荡一大群如天边飘来一片云。它们一路南飞，一路高歌，6月的听众是格陵兰人，接着是拉普拉塔绿色平原上的高乔牧人，然后唱给躲在僻远之地的印第安人，最后到了最南端的巴塔哥尼亚高原，流浪在灰茫茫荒野上的原驼猎人也听到了。

　　这儿有个难解之谜困惑着鸟类学家。潘帕斯的夏天，我们发现了一种鹬，是棕鹬，到了三月③便飞去北方繁衍。此外，还有其他几个北美品种的鸟类在南半球也有根据地，它们的迁徙路径和繁殖季节则与这批棕鹬正好相反。在入秋后，从南方飞来一群棕鹬，来潘帕斯过冬。为什么这群来自南方的鸟竟留在南方过冬了呢？巴塔哥尼亚高原真的是它们的繁殖地吗？如果果真如此，那么它们的迁徙路程就只有千余千米，与动辄飞行近万千米的北方来的鸟相比，简直短得不可思议。要知道有些候鸟是在北纬82°甚至纬度更高的北极地区繁殖，然后长途飞行，来到巴塔哥尼亚这么遥远的南方。因此，也许来巴塔哥尼亚和潘帕斯过冬的棕鹬，是在南极大陆上度过夏天的，这样至少还能说得过去。南极大陆的面积据估是欧洲的两倍，气候相较北极也更温和。只是如果是这样，那么意味着棕鹬要不眠不休地飞越近1000km的大洋，才能从火地群岛④飞到南极大陆。但我们知道，像金鸻和其他一些品种的鸟类有时能飞到北大西洋的百慕大群岛，也就意味着它们能不停歇地飞行更远的距离。况且，在靠近南极大陆的南设得兰

---

① 婚羽是鸟类生殖季节换上的鲜艳羽衣，又称繁殖羽，因大多数鸟类在夏季繁殖，也称夏羽。——译者注
② 金鸻是中型涉禽，夏季全身羽毛大都呈黑色，背上有金黄色的斑纹。——译者注
③ 南半球的三月是初秋。——译者注
④ 火地群岛是南美洲南端岛屿群，北隔麦哲伦海峡与南美洲大陆相望，南隔德雷克海峡与南极洲相望。——译者注

群岛①上还观察到过飞行能力相对较弱的普通阿根廷小百灵，可见羽翅强大有力的大鸟飞越上千千米的海面就更不是问题了。此外，像小百灵这样柔弱的小鸟也存活下来了，证明即使是那片未知大陆的冬季也不至于严酷到容不下任何生命。五月的时候，在福克兰群岛②观察到成群的棕塍鹬，而三个月前的初秋正是同一种棕塍鹬每年离开群岛西边大陆上的巴塔哥尼亚的时间。那么五月这批福克兰群岛的棕塍鹬之所以姗姗来迟，是因为在巴塔哥尼亚高原上繁殖而耽搁了吗？它们向东飞到那么荒凉的地方是为了越冬吗？更说得通的解释是，这批棕塍鹬来自南极地区。在合恩角③附近乘风破浪的海员如果留心在白天看鸟飞、夜间听鸟鸣，就能检验这个猜想。如果这一带，一月的第一周到二月末有棕塍鹬北飞，九十月间又有棕塍鹬南飞，那么就确定无疑了。在南极大陆繁衍的鸻形目鸟类极有可能超过12种，而且还会有雁、鸭等其他水鸟，以及雀形目鸟类，以霸鹟科为主。

有人认为，起源于北极的生命散布于地球的角角落落，唯独南极大陆因深海大洋的环抱而难以跨越，至今仍是生命禁区——"冰封的绝境，死亡的废墟"。这一惊人理论近来还得到了卡农·特里斯特拉姆④的支持。如果计划已久的南极考察终能成行，鸟类学研究想必会有新的发现与突破。兴许还有比鸟类更高等的动物在南极大陆生存着，如能发现哺乳纲新物种，对于大多数博物学研究者而言是大好消息。

潘帕斯的陆鸟品种少，数量也少。一来可能是此地缺少树木、高地供它们栖息、筑巢，二来食物亦匮乏。干旱环境里昆虫不多，这儿最普遍的多年生高草每年出产的种子也少得可怜，所以无论之于软嘴鸟还是硬嘴鸟都不是理想的生存环

---

① 南设得兰群岛是南极海的群岛，位于南极半岛以北约120km。——译者注
② 英国所称的福克兰群岛位于南大西洋，主岛地处南美洲巴塔哥尼亚南部海岸以东的海域。阿根廷称其为马尔维纳斯群岛。——译者注
③ 合恩角是智利南部合恩岛上的陡峭岬角，位于南美洲最南端，1616年抵达的荷兰航海家以其诞生地合恩命名。——译者注
④ 卡农·特里斯特拉姆（1822—1906）是英国鸟类学家。——译者注

境。鹰类好几个属的鸟在潘帕斯都有一定数量的分布，但一般在沼泽地区活动。隼形目以尸鹰（卡拉卡拉鹰亚科）为代表，略有些不体面。卡拉卡拉鹰霸道威猛，大小近似老鹰，羽黑、有冠，浅蓝色的鸟喙大而弯，是它的战斧。而它谦卑的追随者叫隼，长相似鹞，羽色为棕。卡拉卡拉鹰在地面筑巢，特别能适应环境，不仅食腐，也是猎杀好手，有时也和野狗一样结队捕猎，善用群体优势。凶猛锐利的天性使它们成为捕猎者的可靠伙伴，人类猎手和大型猫科动物都愿与其搭档合作。卡拉卡拉鹰还疯狂追赶、迫害其他老鹰和秃鹫，它们若胆敢飞入潘帕斯的草海，则注定要在此沦落飘零，不停地受到侵扰，如《旧约》里在旷野流亡的夏甲和以实玛利母子。

　　潘帕斯的猫头鹰数量很少，但品种齐全。最常见的是穴鸮，南北美洲都有。但不论寒暑它们总成日站在自家洞口或是平原绒鼠洞口的土丘上，直勾勾盯着路人，圆溜溜的黄眼珠子流露出一副惊讶的、谴责的神情。永远都是雄鸟雌鸟笔挺挺地比肩而立，颇为动人，算是鸟类中的"达比和琼①"，模范恩爱夫妻。

　　余下还有大约40种陆鸟，这里会提到其中特别漂亮的、习性独特的和体型庞大的几种。潘帕斯的南部地区发现有"军装八哥"（其实是红胸草地鹨），长得与八哥很像，只是胸前有一大片鲜红色的羽毛，十分绮丽，它们是潘帕斯唯一一种羽色鲜亮的留鸟。飞行时，红胸草地鹨那无忧无虑的歌唱，很是动听。到了冬季它们则成群结队，集结着向北飞越大平原。旅行途中的红胸草地鹨遵循一种特殊的秩序，它们的前线部队极为壮大——因为羽色鲜红看上去简直就是鸟类的"细红线②"，而排在最后方的鸟兵总要时不时地突飞猛进，插到前线部队中。

　　潘帕斯的霸鹟科鸟类有好几个斑翅的品种，周身雪白的羽毛覆盖，双翅与尾翼则为黑色。它们出落得优雅高贵，亦是翅力强劲的飞行者。荒原人迹罕至之

---

① 达比和琼是一对英国老夫妻，最早出现在18世纪的诗歌里，后用来比喻恩爱夫妻。——译者注
② "细红线"是英语俚语，指一群处于下风的部队坚守阵地，比喻寡敌众的勇士。最初是克里米亚战争时，英国记者拉塞尔用以形容穿红色军装的英国士兵抵抗俄军的情形。

境，常有霸鹟结成群，随孤独的旅人而飞，不时低啸着呼唤同伴。偶尔落到高草顶头的茎干上栖停，远望去如白花一团。

最具潘帕斯特色的两种鸟类是红翅鹬和斑拟鹬。红翅鹬在当地被叫成灰山鹑，大小和家鸡相近。斑拟鹬和红翅鹬差不多大，两者习性全然相同：生的蛋都是美丽的酒红色，幼鸟都在很小的时候就长出和成鸟一样的羽衣，获得与成鸟一样的飞行能力，甚至比成鸟飞得还好。红翅鹬和斑拟鹬的头很小，鸟嘴细长而弯曲，腿脚上不长毛，也没有尾巴，羽毛暗黄中带棕、带黑。它们总喜欢躲躲藏藏，鬼鬼祟祟地潜伏在密密的草丛里，飞行时也是犹犹豫豫的。如果被驱赶，它们飞起来时翅膀会拍得异常剧烈，动静很大，可不一会儿就力竭了。这两种鸟喜独居，但爱比邻而居，常常呼朋引伴，鸣声哀怨。稍大一些的鸟儿夜啼声如悠扬的笛声，甜美而极富表现力。

本章并不是完备的潘帕斯动物目录，最后再简介一下美洲鸵。远古的大型生物雕齿兽、箭齿兽、磨齿兽、大懒兽已经灭绝，已没有子孙后代，非要说有的话，只能把现在那些体型小得多的动物算上。但在披着羽毛的潘帕斯居民中，体型庞大的美洲鸵鸟却千真万确来自远古时代，来自那个鸟类中也有"巨人"的遥远的过去。尽管多半是徒劳，我们总也忍不住要去想象，在人类成为主要的美洲鸵猎手前（如今美洲鸵濒临灭绝，对它们的猎捕也即将可悲地走到尽头），这种高贵大鸟有过怎样的历史。它们是如此敏捷，耐力非凡，被捕后还会耍许多花招。凡此种种表明，在遥远的过去，除了猫科动物，美洲鸵可能还有其他天敌。天敌们也需在耐力上和它们的猎物美洲鸵旗鼓相当。也许这些天敌和今天的狼、狐、鬃狼隐约有着某种联系。经历了毁灭的时代，大型的哺乳类和鸟类灭绝了，美洲鸵本来也濒临灭绝，但也许恰好它们敏捷的犬科天敌突然习性大改，锐气大挫，退化成了今天的模样。现在的狼、狐、鬃狼早已无力与美洲鸵抗衡，只以小型哺乳动物和鸟类为食。

美洲鸵跑起来相当奇特，被追猎时，它们会直直地举起一个翅膀，像一片船帆，这时就成了名副其实的"荒野之船"。美洲鸵怪异的跑姿一直是困扰我们的谜题，也许这曾对它们的生存有着重大意义。虽不及红翅鸫和斑拟鸫，但美洲鸵远比潘帕斯的其他任何鸟类都更适应潘帕斯的环境。它们身材高大，因而视野开阔；羽色偏暗，浅灰蓝色的外观与草原上的雾气合而为一，距离稍远一些就会隐没在环境中。那样巨大的身体却能奇迹般地隐藏起来，任凭猎人如何观望，也难从蓝茫茫的旷野中把它们找出来。美洲鸵的体态自有一种与众不同的优雅庄严，与一般鸟类相去甚远。黑脖子的雄鸟激动地高举起一双翅膀，站在羽穗繁盛的深密草丛里，咕隆隆地叫唤着，召集分散在四处的母鸵鸟们，它的声音低沉空洞，夹带着长长的神秘叹息，仿佛盘旋在高空的风声。美洲鸵雄鸟求偶的场景真是大自然中少见的奇景啊！而马背上用套牛绳猎捕美洲鸵无疑是人类发明的最精彩的运动之一，马必须兼具速度与耐力，而且要经过严格的训练才能跟得上敏捷的美洲鸵。即便如此，美洲鸵逃脱的可能性还是很大，若非如此，这就不配被称作理性动物的一项运动，而只能说是残忍的屠杀。这种特别的捕猎法能否成功，首先取决于是否做了充分的准备来应对美洲鸵的奔逃。在穷追不舍之下，美洲鸵会依据本能或是直觉突然变更路线，叫人捉摸不定。再追必须快准狠，把握时机，看准目标。这种运动只靠练习是不管用的，还需要一些天赋。

过去3个世纪里，套美洲鸵这项运动曾是高乔人钟爱的"荒野狂欢"，到如今却渐渐过时了。因为猎杀方式不断升级，美洲鸵的机敏已不足自保。在过去，美洲鸵尽可以不屑马儿的穷追猛赶，嘲笑马背上的骑士迟迟不能将它们拿下。而现在它们面对的是一场系统的灭绝战，懦弱的人类启用所谓科学的方法谋杀美洲鸵，美洲鸵自然无处遁逃。同病相怜的还有古老美艳的火烈鸟，纯洁如新娘的天鹅，声音甜美又悲凉的黄昏歌者红翅鸫，以及高贵的冠叫鸭，声如号角，常在荒原上夜歌。很快，潘帕斯将彻底失去它们，还有其他大鸟与高贵的哺乳动物，就像英格兰将失去大鸨，北美将失去野火鸡、野牛和其他许多物种。如果灭顶之灾突如其来，降临于英国国家美术馆馆藏的艺术珍宝、大英博物馆的大理石雕塑、国王图书馆的珍贵古籍与中世纪画卷，世人将怎样悲号恸哭啊！然而这些只不过是人间的作品罢了，由人类的巧手与灵心成就，是个人天才在速朽材料上的短暂停留。当艺术家归于尘土，作品仍能光芒万丈而不朽，可这不朽只取决于死蛾子的蚕茧能在尘世保存多久。如果进化论有哪怕一丁点的道理，那么人类前路漫漫，势必还将有更多更好的创作。可是大自然的作品呢？作为高等脊椎动物的鸟纲与哺乳纲动物是大自然的完美之作，全世界的大理石雕塑与油画加起来，都比不上其中任一个物种所包含的价值与意义，因为它们是人类之师，源源不断地传递着关于自然的知识与真理。很多人对艺术顶礼膜拜，而对于比艺术更宏大的东西却视而不见，于他们而言，我这番话无疑是庸人庸见，但我们无论如何也该珍视、保护这些物种。它们本是大自然千挑万选的杰作，却也最先被人类千挑万选出来予以毁灭，或者因为它们是体型殊异、形貌华丽的稀罕之物，或仅仅是因为人类可憎的虚荣——残忍的屠手被追捧成英雄豪杰。而在古代，这些动物的生命力最坚不可摧，光芒最耀眼，因此当其他古生物灭绝，它们却物竞天择存活至今，一如永恒之花随时间的汪洋漂流到我们身边，梦一般、画一般装点了我们对于远古的想象，那个人类尚不存在的无限渺远的时空。如果它们消亡，那么大自然中一部分生命的喜悦也将随之丧失，太阳的光辉也将黯淡一些，这些影响也绝不止于我们与我们的时代。据我们当前所知，在南美乃至世界的角角落落正遭遇灭亡的物种还不至于彻底灭绝。它们是链条的一环，是生命之树的枝丫，它们根生于难以想象的遥远过去，要不是因为人类活动，也将生生不息，延绵到同样遥远的未来，进化为更美丽的生命形式，世世代代与人类争奇斗艳。但我们从没考虑过这些，而只想着如何痛快释放杀戮的狂热，尽管这么做我们将"摧毁时间的巨作"①。这儿的"摧毁"并不指向诗人的本意，而是更加真实的悲哀。也许唯有当杀气耗竭，所有大型动物灭绝，我们才能正视当下的所作所为，认识到人类子孙后代蒙受的巨大损失。我们怎能企望后代会仅仅满足于我们写的关于灭绝动物的研究专著，或是千百年后可能会陈列在某个光鲜博物馆里的支离破碎的尸骸和光泽褪尽的羽毛，这样可怕的纪念物想必只会提醒他们失去了什么。假如他们还

---

① 出自17世纪英国玄学派诗人安德鲁·马维尔的一首写克伦威尔的诗歌。——译者注

能记得我们，他们一定痛恨关于我们的记忆和我们的时代——这个启蒙的、科学的、人道的时代，这个标榜"让我们杀戮崇高美好的一切，因为明天就是末日"的时代。

第二章／美洲狮

CUB PUMA, OR LION OF AMERICA

2

说来奇怪，有关美洲狮的文学作品总是有失公允，在这一点它们可算是很不幸了。从前的作家总喜欢记一些孤立离奇的、天方夜谭般的事件，以衬托自己所钟爱动物的闪光品质。旧世界的狮子因而渐渐被刻画为陆上最英勇高贵的野兽，四足动物中的巴亚尔骑士①，这一美名竟在那平淡无奇却怀疑主义盛行的时代里流传了下来。而文献记载中的美洲狮则恰恰相反。新世界的美洲狮被认为要比旧世界的狮子低一等，尽管部分熟悉它习性的人清楚它那骁勇的品性，但在博物学书籍中美洲狮总是最怯懦的大型食肉动物，因为它们不攻击人类。阿萨拉断言美洲狮从不伤害人类，从不威胁人类，不管大人小孩，即使连睡梦中的人它们也不碰。阿萨拉所言极是，但还没有道尽全部事实，即面对人类攻击，美洲狮甚至连自我防卫都不会。因此，得出美洲狮胆小怕人的结论是多么顺理成章！但恐怕这个结论又很说不过去。因为我们知道，即便是最懦弱的食肉动物，比如狗和土狼之流，如果为饥饿所迫，也会毫不犹豫地对受伤或睡着的人发起进攻。走投无路之际，再弱小的动物也会奋起抵抗。高乔人有句俗谚："就算是犰狳也有保命的本事。"再者，美洲狮胆小的结论，还和许多其他广为人知的事实相矛盾。除去美洲狮面对人类的消极表现，它们是凶猛的猎手，而且大猎物比小猎物更合他们的胃口。它们在荒野上猎杀的野猪、貘、鸵鸟、鹿、原驼等，全是些身强体壮、装备充分的家伙，要不就是行动极其敏捷的动物。巴塔哥尼亚地区常常发现原驼的尸骨，几乎都有脖子脱臼的痕迹，调查结果表明行刑刽子手是美洲狮。而在原驼栖居的荒原和山区，有狩猎经历的人必然清楚原驼是多么警觉的动物，嗅觉灵敏，腿脚轻快。我曾跟一个调研团在美洲狮频频出没的地区待过几周，天天都能看到六七只鹿遭到美洲狮毒手，清一色全是折了脖子。猎物稀少或是捕猎不易时，美洲狮饱餐一顿后还不忘把剩余的食物藏起来，用草和枯枝小心翼翼地盖上。但巴塔哥尼亚那些死鹿却无一例外地暴尸野外，美洲狮吃掉一部分鹿胸肉以后，剩下的就留给卡拉卡拉鹰和狐狸享用了。甚至许多鹿被吸干血后就被抛弃了，肉都没

---

① 巴亚尔骑士（1473—1524）是15世纪著名的法国骑士，英勇征战一生，是法兰西骑士的标杆，代表着西方骑士精神的典范，被誉为"无畏骑士巴亚尔"。——译者注

动过一下。这让我强烈地感受到，潘帕斯的美洲狮像极了潘帕斯的游隼，这种翅翼宽大的猛禽也喜欢攻击大型鸟类，当它讲究地剔完猎物头部和颈部的肉后也是一飞了之，把没动过的身体部分留给没本事的食腐鹰类。

对牧区的大型家畜而言，美洲狮意味着灭顶之灾。美洲狮特别垂涎马肉。一个半世纪前写过《智利博物志》的莫利纳最先注意到这一点。我多次听说在巴塔哥尼亚养马极为困难，美洲狮是小马驹的头号杀手。有本地人告诉我，一次他赶着马群回家，穿越一片灌木丛的时候，眼看着一头美洲狮窜出来，跳到了落在队伍最后的那匹小马上，距他骑的那匹马不到6m的距离。这狮子直接跳上马背，一条腿抓马的前胸，另一条腿抓马头，猛一绞，马脖子就扭断了。小马像吃了子弹般倒下，据这人说，小马没倒地前就已断气了。

让博物学家不解的是，曾遍布美洲大陆的野马竟会在此地绝迹，明明美洲的环境与马儿极为匹配。现在它们又重新在这儿繁衍生息了。不过事实上，哪里美洲狮多，从欧洲引进的野马便难以为生。听说过去在美洲许多地方，野马急剧繁殖，数量泛滥。但我认为这一定只会发生在美洲狮不多见或是全被人赶走了的地区。荒凉的潘帕斯大地上野马十分稀罕，据说巴塔哥尼亚地区也一样。

除了马肉，美洲狮最爱绵羊。只要有羊群在，美洲狮根本懒得打牛的主意，毕竟牛角也不好惹。在巴塔哥尼亚尤其如此。我在内格罗河边埃尔卡门镇附近一个牧场住过一段时间，有一只大胆且狡诈的美洲狮常来闹事。为保卫羊群免受攻击，牧场周围建了四米半高的柳树干围栏。因为门是美洲狮的必经之路，特意把门加高到近5米，并且安在靠近房子的方向。设置了诸多障碍，放了几条大狗守门，并另安排了人值守，指望着哪天有机会拿枪把这头狮子放倒。即便如此，它也从未错过任何一个多云的夜晚，次次都在咬死一只或几只羊后顺利逃脱。一个漆黑的夜里它又来了，我发现动静后，便冲到围栏门前去抓，试图在一片阴沉之中破解它的隐形术。只见它灵巧地跳来跳去，轻松放倒了一只又一只的羊，然后忽然间猛一跃，从我头顶越过，逃跑了。黑暗中我追在后面开枪，没能击中。牧场上还另有13头奶牛牛犊，每晚关在一个枯枝搭的小棚里，离房子很远，我对这样草率的安排很不解。主人告诉我，美洲狮对牛犊肉没兴趣，专奔羊群而来。这头美洲狮多次夜访之后，我们追踪它在散沙上留下的足印，发现它竟是在牛犊的棚子里藏身，在那儿伺机袭击羊群。

美洲狮也常屠戮成年牛马，它攻击美洲虎的时候尤为凶悍勇猛。美洲虎是美洲最大的食肉动物，可比起迅捷灵敏的美洲狮，却笨拙如犀牛。阿萨拉写道，在拉普拉塔平原和巴拉圭，美洲狮被认为是美洲虎的征服者。但阿萨拉本人并不相信，这也不奇怪，因为他早已认定不攻击大人小孩的美洲狮是懦弱的动物。大家都知道如果美洲虎与美洲狮栖于同一片区域，它们总以对方为敌，而美洲狮向来是压迫者的姿态。美洲狮追击骚扰美洲虎，就像霸鹟侵扰老鹰，先在其周围快速地左突右击以迷惑对手，然后伺机跃上敌人背部，用锋利的爪牙施以致命的伤害。美洲虎背部一旦受伤便迅速丧命，如有侥幸脱逃的，往往因背部撕裂严重而很快落到猎人手里。

据金斯利所著的《美洲标准博物志》所载，加利福尼亚北部的美洲狮与灰熊是宿敌，就像南方的美洲狮总与美洲虎为敌一样。狮熊相逢，胜利也属于美洲狮。找到的灰熊尸体证明了它死于与美洲狮的激烈交战。

作为最狡猾勇猛、最残忍嗜血的猫科动物，美洲虎的迫害者，反刍动物的苦难之源，美洲狮拥有可与来复枪子弹比肩的追猎速度，却从不攻击人类，真是一大奇事！就连那么胆小、食腐的狗，只要有胜算，也会挑战人类。可美洲狮呢，它在人的面前简直软弱到臭名昭著，传说一个地方要是除了美洲狮外没有其他大型肉食兽的话，那么一个小孩独自出门、夜宿荒野也绝不会有任何危险。而且美洲狮并不回避人（尽管不少博物类书籍的记载与此相悖），在某些美洲狮经常受人侵害的地区当然例外。还远不止如此，除了极少数的抵抗，一般情况下，面对人类的伤害，美洲狮甚至听之由之，放弃自卫反击。

桀骜不驯的天性中却包藏着神秘的温良，因此潘帕斯的高乔人把美洲狮称为"人类之友"。但提及美洲狮的旅人和博物学家却始终对它们的温顺本性置若罔闻。于是在他们的描述里，美洲狮就变成了一种矛盾的动物，明明强悍到可以轻易攻杀野马，却胆小到对人类乃至睡着的人类幼童都退避三舍。也许他们对真实情况也有所耳闻，只是他们把听来的都归结于他人天马行空的浪漫想象，当成是未经科学训练的头脑的产物。或者，他们并不情愿把这种类似寓言的事件记录到自己的文字中，唯恐被别人嘲笑失去理智，坏了名声。

但是，温顺的秉性可能只是生活于南方的美洲狮所独有的。美洲狮分布极广，北至北美，南至火地群岛，南北跨越超100个纬度。不同的生存环境造就动物不同的本能，美洲狮分布的地区南北跨度巨大，各地迥异的自然环境想必也造成了各地美洲狮习性上的差异。有极少的记录表明，亚马孙稠密雨林地带的美洲狮可能发展出了独特的本能以适应半树栖的生活。大家对北美文学里可怕的美洲狮都不陌生，美洲狮在北美地区有许多不同的称谓，边境故事中随处可见它们的身影。故事中与美洲狮的相遇总是那么惊心动魄，它们是让人畏惧的食人猛兽，其中虽有想象的成分，但大部分作者还是比较忠于现实的。因此，生活在北方寒冷地区的美洲狮可能偶尔会对人类发起攻击，书里常写它在林子里悄悄跟在人后，时刻准备着出其不意地扑上去。至于真真假假，谁也没法坐实，因为过去北美的拓荒者和猎人们遇上美洲狮后总是急于射杀，并没有认真研究它的本能与性格。许多年前，奥杜邦和巴赫曼曾写道："这种动物在无知胆小者的心里曾激起那么多的恐惧，如今在大西洋沿岸的各州却几近灭绝。而至今没有任何可靠证据表明，哪个猎人在猎捕美洲狮的时候有过性命之忧。"我认为还可以补充的是，至今没有任何可靠的证据表明，有人曾遭受过南方美洲狮的主动攻击。行走在南美洲荒野上的旅人偶尔也发现有美洲狮在跟着他走，但如果你告诉他这狮子是在等候进攻的时机，他必然不会相信。

前面我提到过美洲狮如何捕猎，如何轻而易举拿下大型动物，还将其与游隼作比。但事实上，失败是所有肉食动物的家常便饭，致命事故也时有发生。机灵敏捷如美洲狮也不例外，驴子就能轻松破解它们的攻势。面对美洲狮的袭击，驴子不会像马儿一样丧失理智，它会把头深深埋入两条前腿之间，然后猛踢后腿，直到敌人被摔下或击退。猪也一样，如果有一大群，就能联合御敌。猪群先集合起来形成防线,这是它们的拿手戏,然后一齐露出一排排密集的獠牙威吓侵略者。我在巴塔哥尼亚的时候,有头美洲狮由于死因离奇曾在内格罗河①的定居者中引起了不少轰动。有个名叫利纳雷斯的人,他是定居在埃尔卡门附近的印第安人的首领。一次他在河边骑行的时候,看到草丛中有一头年轻的母牛,神色行为异样,引起了他的好奇。这头母牛头上竖着一对锐利的长犄角,它注视着来人,神情激动且充满危险性。原来它刚刚才产下一头牛犊,利纳雷斯马上猜到初生的小牛遭到了捕食者的攻击,可能已遇害。为证实这个猜想,他四处搜寻小牛,惹得母牛狂怒暴躁,不断前来冲撞。他在深密的草丛中发现了小牛的尸体,小牛旁边竟还横着一头成年的美洲狮,也已断气,在它的体侧,肩膀下方有个很大的伤口。小牛无疑为美洲狮所杀,喉咙上有巨大的牙印。此情此景让利纳雷斯不敢相信自己的眼睛,美洲狮被其他动物杀掉真是闻所未闻。他还原的事实是这样的,饥肠辘辘的美洲狮下山觅食,在跳到小牛犊的背上后被牛血的甜香冲昏头脑,一时大意让愤怒母牛的尖牛角顶穿了致命部位,即刻一命呜呼。

除了猴子,美洲狮就算是最贪玩的动物了。猫科动物的幼崽要花很多时间玩耍,最爱跳跃,跳跃是它们的标志。成年后冷静持重起来,只有母狮还偶尔与幼崽嬉玩,可玩起来总显得有些拘谨,好像只是为了完成教育后代的任务,非真心自发地享受玩乐。有个作家写过,狮子假装玩耍、假装开心的时候要比它们情绪最糟糕的时候看起来还阴郁。而美洲狮本性上始终是一只彻头彻尾的小猫咪,在嬉耍中体味着无穷的快乐。如果在荒野上独处,它便自娱自乐,和假想的伙伴打模拟战、玩捉迷藏,或用上全部的谋略和耐心来扑一只飞过的蝴蝶。这都是常有的事儿。阿萨拉养过一只美洲狮幼崽4个月,它无时无刻不在和他家的仆人耍逗。阿萨拉说,这头狮子从不拒绝任何食物,肚子不饿的话就会把肉埋在沙子里,想吃的时候再挖出来叼到水槽边冲干净。我自己只熟悉一只当宠物养的美洲狮,这只宠物狮七八年来从没发过一丝脾气。人走过去,它就躺下来,喉咙里发出咕噜

---

① 内格罗河意为"黑河",是南美亚马孙河的主要支流。——译者注

噜的声音，身子缠在人腿边，乞求爱抚。随便拿条绳子或手帕逗它，便足够它乐上一小时。一个人和它玩累了，它会自己换个玩伴。

有个在潘帕斯过了大半辈子的人告诉我，一次在科连特斯角附近旅行时，因为骑的马死了，他不得不拖着沉重的马具步行。晚上他在一座石山的斜坡上找了块大石头作遮蔽，铺床睡下。一轮明月当空，大约九点左右来了四只美洲狮，两只大的带着二只半成年的。他一点儿都不紧张，仍睡在原地。过了会儿，这四只狮子开始在他身旁玩耍，像小猫咪一样在山石间东躲西藏，追打嬉闹，好多次还从他身上跃过去。他就这么看着，直到午夜后才睡去。一觉天明，四只美洲狮已离他而去了。

这人是英国人，但从小就来到了南美，一直以高乔人半野蛮的生活方式生活，早已内化了高乔人的那套古怪观念。其中一条就是人命没什么大不了的。听到同胞的死讯，高乔人常把肩一耸说，"那有什么要紧？那么多美丽的马都死了！"我问他有没有杀过美洲狮，他回答曾杀过一只，然后发誓再不会有第二次。他说有一天和一个高乔人外出找牛的时候发现了一只美洲狮。美洲狮背靠石头坐着，他的高乔同伴把套索扔过去套住狮脖子后，狮子没有动。于是他抽刀下马，前去杀狮，这时美洲狮还是没有挣脱套索的意思，但似乎已隐约知道自己的命运，身子开始颤抖，泪水从眼睛里涌出来，以最凄惨的调子呜呜哀号着。他杀了这头面朝他坐着毫不反抗的美洲狮，过后觉得自己像个罪大恶极的谋杀犯。这人还说，这是他这辈子做的唯一一件让自己回忆起来悔恨不已的事。我听后很是震惊，因为我知道他曾在高乔人的持刀对决中杀过好几个人。

所有杀过美洲狮或见过美洲狮被杀的人，以及我问过的好多猎人，都说美洲狮一旦落入人手，就全然放弃抵抗，惨兮兮束手就擒。克劳迪奥·加伊在他的《智利博物志》中写道："美洲狮如果遭到人的攻击，就立刻丧失活力与勇气，变得蔫巴巴的，毫无攻击力，可怜地颤抖着、呜咽着，淌下许多眼泪，好像在祈求敌人的宽容与怜悯。"可敌人一般不会那么宽容。话说回来，许多高乔人说起这件事时都言之凿凿地表示，虽然他们为了保护家畜能毫不犹豫地杀美洲狮，但始终认为取美洲狮的命是罪恶的，毕竟它们是荒原野兽中唯一的人类之友。

可如果把狗带去打猎，那美洲狮就会换上另一副样子。它不再消极无助地流泪，而是变得怒气冲天，浑身毛发竖起来，眼里烧起两团绿色的火球，大声凶狠地咆哮。这时候人似乎被完全忽略了，美洲狮所有的注意力都在狗的身上，所有的怒火也直指它们。在巴塔哥尼亚，我曾与一个养羊的苏格兰人共度了几天。他给我看了5具美洲狮的头骨，都是他在自家牧场附近射杀的，其中一个特别大。究竟他是如何与这头大狮子遭遇的，这里我来转述一下，从中可以窥见美洲狮如何差别对待人与狗的攻击。那天他去放羊，没有骑马，他的猎狗发现了藏在灌木丛里的美洲狮。他没带枪，手头也没有其他武器，见美洲狮背靠荆棘丛挑衅地坐着，根本没胆量上前。于是他只好四处找了找，捡了根木棒，壮起胆走过去，打算对着狮头一闷棍打昏它。可那美洲狮瞧也不瞧他一眼，冒火的眼睛从头到尾都只是直勾勾地盯着那几条狗，可虽然如此它还是敏捷地避开了他的每一次棒击，左闪右躲，反应快得不得了。狮子一边无视他，一边竟还能轻松避开他的攻击，这让他的棒子挥得更起劲了。用力越来越大，最后一棒挥空打到地面上，棒子竟裂成碎片。这下他离美洲狮不过两米之遥，两手空空无物防身，无计可施地站了好一会儿。突然，美洲狮凌空一跃，从他身上飞了过去，事实上狮身还擦碰到了他的手臂。美洲狮开始对那几条狗发起追击，绕着圈穷追猛赶。后来同伴携枪来援，射死了这头美洲狮。

这样的人狗狮大战最为奇特的就是，美洲狮执拗地不肯与人为敌，即便它明明看到人和它的宿敌狗是一伙的。而对于狗散发的敌意，美洲狮是一清二楚的。

许多年前我在南美读到一份英国报纸上的一段话，记述了该国一场野兽表演中美洲狮的事迹，特别能表现美洲狮的行事风格。那只美洲狮被饲养员领出兽笼，由饲养员引导着四处走动，后边跟着一大群看客。忽然间，人群里的某样东西吸引了它的注意力，它驻足原地一动不动，稳稳盯牢目标，神情激动，然后猛然一跃挣脱了饲养员手里的锁链，纵身冲入人群里。当下人群尖叫着四散逃命。但他们的恐惧是多此一举，那狮子怒火中烧是因为看到人群里有只狗。

据说成年美洲狮被抓来圈养，无一例外都会日渐消瘦直到死亡。如果幼狮作宠物养，则从小到大都爱跟人玩，对人极温顺，但不能克服天生对狗的巨大敌意。

美洲狮出于自卫对抗人类的事例很少，我在潘帕斯一个叫萨拉迪约的地方听过一个。我去的时候，那儿有许多美洲狮和美洲虎出没，牛马不得安宁。那时考虑经济效益还没引进羊，但每个牧场都养了很多猪，因为猪能保护自己。当地有个高乔人是出名的打虎高手，胆子大身手好，因此每次猎虎大家都一致推举他来领队。一天本地长官组织了十三四人，其中也包括此人，搜捕当天早上在长官庄园附近出现的美洲虎。这只老虎最终被找到并被包围了起来，它蹲在潘帕斯蒲苇草丛里，这种情况扔绳索套它的脖子不但棘手而且危险。大家都指望打虎高手出马，只见他快速解开绳，不紧不慢地逼近，拿着一个套圈缓缓挪动着。可就在这时，他骑的那匹马越发躁动不安起来，他一时失误没管住马便惊动了老虎。就在这时，老虎跃出草丛跳上马背，一把抓住他的斗篷把人拖到了地上。危急时刻幸亏另一人扔出绳，套住了老虎脖子，要不然打虎高手肯定性命难保。老虎很快被拖走杀了。但打虎高手心气大挫，既没帮着杀虎，也没等大家完事便悻悻而回。他从地上爬起来，毫发无伤，可情绪暴躁，赌气咒骂着，因为知道自己这次栽了，必然名声扫地，还将忍受没完没了的无情嘲笑，而他最宝贝的可不就是自己的名声？他跨上马离开失意之地，回程路上独自一人。虽然空口无凭，但因为他的讲述完全不利于自己的英勇形象，所以大家都信了。就在他往回骑了不到5km，满腔怒火仍在熊熊燃烧之时，有只美洲狮从路边深密的草丛里窜了出来。这美洲狮并不离开，而是坐在路上挑衅地看着他。那时他的第一念头就是拿刀剐了这畜牲解解气，于是下马把两条马前腿绑一块儿固定好，然后拔出又长又重的刀直冲过去。美洲狮还是不动。大刀举起，要是落对了地方，他使的劲准能把狮子的头骨劈开。哪知狮子快速一闪避开了刀子，同时以闪电般的速度抬起一条腿劈头盖脸朝侵略者甩去，锋利的狮爪扯下此人一大块面部皮肉。重创敌人后，这只美洲狮盯着手下败将看了好几秒钟，才轻悄悄地跑开。伤者勉强爬上马背，骑回了家。脸上垂吊着的那块肉后来复位了，狰狞的伤口被缝合起来。他最后也恢复了，只不过终身破相。从此此人性情大变，郁郁寡欢，对邻居的玩笑极度敏感，后来再没加入过打猎队伍。

我又向长官和其他一些人打听，问他们这片区域的美洲狮除了对人被动示好，还有没有更友好的表示。于是，他们又给我讲了几年前的另一桩事。有一天，男人们全体外出围猎，猎捕鸵鸟及其他猎物。大约有30个人，散开来围成一个大圈，慢慢朝中心靠拢，以此方法包围圈里的动物。在随后激烈的追捕中，每个人为了防止猎物逃走都极为投入，如此全神贯注，以致谁都没发现少了个人。失踪者的马在傍晚的时候回来了。第二天早晨大家去搜寻，最后找到了失踪者，发现他在前一天打猎时摔落的地方躺着，腿断了。据这人说，天黑后大约过了一小时来了只美洲狮，坐在他附近，但似乎没注意到他。坐了会儿，美洲狮躁动起来，不时离开又回来，最后一次它走开了很长一段时间，这人就以为它不会回来了。将近午夜，他听到美洲虎深长的虎啸，心里便放弃了生还的希望，手肘撑地伏起身子，他看到旁边蹲着头野兽，只能看到轮廓，它的脸背着他，似乎正紧盯着某个目标准备随时扑过去。眼看着这头野兽悄悄爬出了他的视线，随后就传来美洲狮和美洲虎的咆哮、怒吼、尖叫，他这才知道两头野兽开战了。天亮前那只美洲虎还出现了好多次，狮虎大战了一次又一次，直至晨曦来临。这以后就再没见着它们了。

尽管不寻常，我听了却没有大惊小怪，这样的故事我在全国各地已听了不少，很多远比这个有趣。只因不是第一手资料，所以我没法担保真实性。但这个故事我倒觉得没什么可怀疑的。先前听到的一切已足以让我相信美洲狮天生对人类友好，至于为何如此，大概要像动物的许多其他本能一样继续神秘下去了。美洲狮在荒野上尾随行人，见人入睡或受伤会前来守护，甚至当它的宿敌美洲虎攻击人类时，美洲狮还会出手援助，听来宛如神话。但从不主动攻击人类，吃人肉，除个别例子外，美洲狮甚至在被人类伤害的情况下都不会自卫还击，这些友好行为比起它人类守护者的形象也毫不逊色，毕竟它是如此凶猛暴戾的野兽啊！我们知道，某些特定的声音、颜色、气味不会引起大多数动物的特别关注，却会在某些动物那里产生特殊效果。我想也许是人类的身形、面孔或体味对美洲狮产生了某种作用,抑制了它们残忍的杀戮本能,让它们表现出温顺的一面。这种情形本来似乎只出现在家养动物对主人,或是野生动物对同族。有时,狼饿极了也会吃掉自己的同胞,但一般来说动物宁饿死也不以同类为食,也极少攻击与自身天性相似的他族。美洲狮,如我们所见,激烈地攻杀其他大型食肉动物,非为口腹之欲而只为泄愤寻仇;它们对人类极尊敬,但在热带地区却偏偏是猎食猴子的大户,而猴子又是所有动物中最像人类的。所以最终我们也只好同意洪堡[①]的观点,动物的爱恨多少会带些神秘色彩。

此处关于美洲狮性格的看法,使我对一些历史著作及其他书本中所记载的美洲狮的相关事件又重拾兴趣,后文将作简单探讨。

拜伦的《"韦杰号"遇难记事》中有个引人注意的篇章,后来海军将军菲茨罗伊曾在《"小猎犬号"之行》一书中引述过,用以证明火地岛及附近岛屿上有美洲狮,但没有其他大型猛兽。他写道:"我听见近处传来一声低吼,便知应尽快撤离。林子里昏暗无光,什么也看不清。但往外撤的时候,这个声音一直跟着我。我们同行的人也说在林子里看到了一只很大的野兽……我提议四人同去海湾边的棚屋睡,那里大约离我们的钟形帐篷3km。那个老旧的印第安棚屋是我第一次上岛时发现的。我们在棚屋的迎风面铺上海草,生上火就躺下了,等着睡意把饥饿感驱走。可睡下没多久,就有人遇袭了。他的脸被猛拍了一下,这人睁眼一瞧,大惊失色,只见低微的火光里一头巨兽立在那里。他倒是镇定,从暗下去的火堆里抽出一条燃烧着的木头,照着巨兽的鼻子捅去,巨兽马上逃走了。天亮后得知同伴的遭遇后我们很不安,后来又在沙地发现了一串朝着帐篷方向的足迹,便更忐忑了。足印又深又平,是带爪子的大圆掌。我们赶紧上路,想把情况说给帐篷里的人听,到了才知道,原来他们也已被这不速之客拜访了。"

安德鲁·默里先生在著作《哺乳动物的地理分布》中认为,麦哲伦海峡是美

[①] 洪堡(1769—1859)是德国著名地理学家、博物学家。——译者注

洲狮地理分布的南极，论及拜伦上述文字时他写道："但这并不能证明该动物就是美洲狮。……对足印的描述表明这不可能是美洲狮。猫科动物的足印里没有爪子的痕迹。……反倒是犬类有明显的爪印。……因此拜伦和他的伙伴们只是虚惊一场。所谓的野兽不过是本地人养的家狗罢了，没什么攻击性。"

英勇的冒险家与手下遭遇虚惊，看到火地岛岛民养的一条家狗就吓得魂飞魄散，默里先生对这事儿很笃定，谈得津津有味。对默里这样一个躲在伦敦的书房里研究野兽世界的"书房博物学家"而言，他显然忘了，虽然今天的我们把一丝不苟当作基本标准，但在拜伦准将的时代，在写作动物学相关话题时，作者并不会在细节上做到精确无疑。因此，只看到一段记录中不精确的部分，而忽视了其他的重要部分——例如，林子里看到的是一只"巨兽"。如果以这种眼光看待全书，那么拜伦的记录就与彼得·威尔金在南极海域的冒险一样，成了虚构的想象。

J.W.博达姆·惠瑟姆的《穿越中美洲》一书记录过一则从危地马拉听来的美洲狮轶事，奇怪的是，与我在潘帕斯听到的一些故事颇相似。他写道："下面这件事如果是真的，就是最蹊跷的。这片森林里的一个桃花心木伐木工，一天外出后按树木标记返回，路上突然发现有团软乎乎的东西挤过来，低头一看，竟是只美洲狮，尾巴高高竖起，像猫一样咕噜噜叫着，在他双腿间缠来绕去，钻进钻出，两眼朝上看着，好像带着笑意。这人吓得不轻，跌跌撞撞勉强前行，哪知美洲狮怎么都不离开，偎在他身边，又是打滚，又是举起爪子挠他，好像猫儿在逗弄老鼠。他越发害怕，最后只好大喊一声，举起斧子狠狠砍下去。美洲狮跳开了，蹲到旁边张牙怒吼，正要迎面扑来，一个听到呼喊的同伴远远地出现了。看见人来了的美洲狮一声低吼，钻进厚密的灌木丛不见了。"

我们允许适度的夸张，但要是这类故事没有传说的成分，竟在遥远的巴塔哥尼亚和中美洲国家出现，就不得不说是巧合了。不用说，危地马拉的美洲狮一定很少，并且与其他美洲狮常受到伤害的地方一样，危地马拉的美洲狮肯定是很怕人的。但如果是在潘帕斯，那里的人们更了解美洲狮，那么故事的主人公就不会说美洲狮像猫逗老鼠一样玩弄他，而会用家猫逗孩子来作比喻。而且即便美洲狮的亲密举动被粗暴回应，这个人也不可能怕到以为狮子要扑过来。

克拉维赫罗的《下加利福尼亚州史》记载道，17世纪末第一批来此定居的传教士发现了墨西哥的一个与美洲狮有关的奇特风俗。据作者说当地没有熊也没有虎（美洲虎），想必早已被它们的老对手美洲狮驱逐出境。这里美洲狮繁衍极盛，遍布整个半岛。这与当地人的迷信密切相关，他们非但从不猎杀美洲狮，甚至一举一动都忌讳打搅到美洲狮。事实上，本地印第安人的生计在某种程度上还有赖于美洲狮。在美洲狮享用后丢弃的猎物上空总有秃鹰盘旋不去，印第安人只需循着秃鹰的飞行方向便能定位残余猎物，找到后即可占为己有。于是，传教士带来的家畜很快让当地土大王美洲狮消灭了。任凭这些耶稣会士怎么发动清剿美洲狮的圣战也是徒劳，因为尽管当地印第安人热情拥抱基督教并欣然受洗，但他们对于奇姆比卡——奇姆比卡是他们对美洲狮的称呼——的信仰坚不可摧。后来传教活动渐趋没落，传教士们挣扎在饥饿边缘，仰仗远方定居点派送的供给过活，供给常常久等不至。多年来传教士致力于改善野蛮人的生存条件，也始终毫无起色。直到1701年，洛雷托的传教活动由帕德雷·乌加特接管。据克拉维赫罗所说，此人精力旺盛，体力充沛，勇气过人，是个四肢发达的基督徒。他布道的时候还会时不时地采用体罚的形式，假如听众胆敢嘲笑基督教教义或讥笑他本人在说当地语言时犯的错，可能免不了受罚。与前任一样，乌加特也说不动印第安人猎捕美洲狮。但乌加特有着强大的行动力，并且坚信榜样的作用，他终于等来了机会。

一日在林中骑行，乌加特看到远处有只美洲狮朝他走来。他下了骡子，捡起一块大石迎上去。走得足够近了，乌加特扔出石弹，精准有力地砸中了狮子，狮子失去知觉倒地。杀掉这只美洲狮后，乌加特才发现其实最艰巨的任务是把它运回印第安村子。运回去了才算成功。但他的骡子本能地抗拒死兽血淋淋、热乎乎的尸体，不敢接近。乌加特神父却不是轻言放弃的人，靠着一半蛮力一半策略，他还是把尸体扛上了骡背，凯旋而回。最开始村里的印第安人只当是神父玩的把戏，因为神父急于挑拨他们与美洲狮的关系。他们老远站着，对神父冷嘲热讽，嚷嚷着说那头死狮子不是神父杀的，只是他碰巧遇上的。乌加特神父让他们走近点看个清楚，他们发现尸体淌的血还是温热的。这下全体惊得手足无措，他们看着神父的眼睛眯缝起来，认为神父很快就要倒地毙命。印第安人相信，屠杀美洲狮的人会马上死亡。但乌加特神父并没有死去，于是他从此威信骤增，并最终说服了印第安人向奇姆比卡磨刀霍霍。

克拉维赫罗没有提到下加利福尼亚州美洲狮迷信的来由，但如果熟悉美洲狮的性格便不难明白。想必印第安野人自古以来就知道美洲狮对人特别亲近友好，却极端仇视其他捕食人类的食肉动物。荒野生存之战中，美洲狮总是站在人类的一边，因此人类渐渐不忍伤害它们，甚至把它们当朋友，原始人对美洲狮的这种情感在时间的长河里打磨，最终结晶为下加利福尼亚州人的一个迷信。

最后我还要讲讲马尔多纳多的故事。这个故事流传不广，尽管在布宜诺斯艾利斯人尽皆知，就像戈黛娃夫人①的故事在考文垂一样出名。鲁伊·迪亚斯·德·古斯曼在他写的《拉普拉塔殖民史》里偶然提到过马尔多纳多的事迹，古斯曼本人在几个新殖民地很有威望，学习南美历史的人也相当认可他，认为他切实冷静地记录了他的时代。古斯曼写到，1536年布宜诺斯艾利斯的定居者耗光储备物资后忍饥挨饿，还受到敌对的印第安人逼压，不可踏出殖民地围栏一步。门多萨总督沿河去各殖民地求援，委托一个叫鲁伊斯的上尉代为管理。鲁伊斯当政期间暴虐严苛，人均每日配给粮缩减成170g面粉，而且还是变质面粉，吃了会致病。人们被迫抓蛇、蛙、蟾蜍等小动物为食。古斯曼和其他作者还提供了许多恐怖的细节，其中德尔·巴尔科·森特内拉证实，当时镇上的2000人饿死了1800人。在那个黑暗时期，尸体就被埋在殖民地围栏外，恶臭引来无数猛禽野兽。幸存者的处境更加恶劣了，因为他们入森林觅食还得冒着沦为野兽盘中餐的危险。尽管如此，还是有不少冒险者走丢了，其中有个叫马尔多纳多的年轻女人迷失于密林之中，最后被一群印第安人发现并带回了村里。

---

① 戈黛娃夫人是11世纪英国的一位贵妇，传说她为争取减免丈夫强加于市民们的重税，裸体骑马绕行考文垂的大街。——译者注

几个月后,鲁伊斯上尉发现了马尔多纳多的行踪,说服了印第安人并把她带回定居点,后来判她通敌罪,罪行是私自潜逃到印第安村庄,背叛殖民地,刑罚为喂食野兽。马尔多纳多被带到离镇子约5km的林子里,绑在树上一天两夜等野兽来吃。过后一队士兵去收尸,本以为只能捡到野兽吃剩的一堆残骨,哪知马尔多纳多竟还活着,毫发无损。她说是来了只美洲狮,打退了其他靠近的野兽,救了她的命。士兵马上给她松绑,带回镇子,她的存活被认为是上帝的旨意。

古斯曼表示,他认识这个叫马尔多纳多的女人,所以可以证明她确实是幸存者之一,她熬过了最初的艰难,等到了好日子。

那时马尔多纳多的故事免不了被当作奇迹,但这事要是发生在南美洲南部的任何地方,就不会有奇迹一说,因为这里的人最清楚美洲狮的秉性。

第三章 / 生命之潮

WAVE OF LIFE

3

住在潘帕斯的那些年，我坚持写日记，记录每日对动物习性及其亲缘关系的观察与心得。翻看1872—1873年的笔记，我发现自己完整地记下了一个"生命之潮"现象——实在想不出更好的名字了。此类现象在人烟稀少的地区时有发生，但在英格兰这样的国家就很罕见，规模也相当有限。一个特别富饶的季节，某项制约因素骤减，或其他利好因素涌现，就可能引发某种繁殖能力强大的小动物数量剧增。假如我们亲身经历过，便很好理解为什么许多人都迷信耗子、青蛙、蟋蟀等是像下雨一样从天上落下来的。

1872—1873年之间的那个夏天，潘帕斯阳光雨露异常充沛，在最热的那几个月，野花也没有像往常一样凋萎，全开得好好的。夏花繁盛，草原上的大黄蜂也随之多了起来。我从没见过那么多大黄蜂，那个夏天，我在种植园及其周边数到的蜂巢不下17个。

老鼠也迎来了黄金时代。当然只是短期利好，因为长期看来，一个物种盛极必衰。忽然间草原各处老鼠四窜，以至于狗放弃了其他食物单以老鼠为食；家禽也因为没完没了地追杀老鼠变得极为凶猛；大食蝇霸鹟和圭拉鹃唯一的捕食对象也是老鼠。

在如此丰饶的季节，家猫当然不会安分在家，而是变得和野猫一个德行。也许家猫也曾与主人家一同围着壁炉取暖，其乐融融，但如今它们不顾往昔情谊，想方设法从主人眼皮子底下溜走，动作轻手轻脚，还故意作出一副惶恐的样子，实在滑稽。狐狸、鼬鼠和负鼠也过得相当滋润。就连披毛犰狳也过上了好日子，因为它们也是捕鼠能手，身手敏捷。可能很多人会觉得难以置信，毕竟他们所见的披毛犰狳看着笨拙，没有牙齿，行动和轻巧、优雅沾不上边。在人们的印象里，捕鼠高手怎么也得有些猫科动物的习性吧。但是动物就像人一样，不得不改变自身以适应环境。新的习惯不断养成，而新习惯与它们原初的身体结构之间却几乎没有关系。

那时候我养了一只犰狳，它每日心情愉悦，也不好动，因而身躯肥硕异常。尽管如此，它抓起老鼠来也是毫不含糊，看着饶有趣味。我偶尔带它外出放风，叫它尝尝自由的滋味，但也不忘在它一条后腿上系根细绳牵着，免得它遇到野狐狳窝钻进去，趁机溜走。它总是一路小跑着，步伐笨拙，鼻子像条小猎犬一样紧贴着地面。它的嗅觉极敏锐，一旦靠近猎物就躁动起来，动作加快，时不时停下来在土里东闻闻西嗅嗅，直到精准定位老鼠的潜伏地。这时它便不再乱嗅，一步步专心地逼近猎物，靠近后慢慢立起身子，好像摆出了一个坐姿，再突然向前猛一扑，整个身子像网一样罩住藏在草丛下的老鼠或老鼠窝。

　　我有个本地邻居给我讲过一桩奇事，是关于猫的。他的几个孩子发明了一个好玩且刺激的游戏：找一株空心的魁蓟茎秆，里头有只老鼠——那个季节每株空心秆子里都住着老鼠，把秆子拿到猫面前，看它怎么办。嗅到猎物后，猫便跳上秆子的一端，正好这时里面的老鼠也在朝着这端跑过来。但是猫啥也抓不到，因为老鼠不会从这头出去，而是掉头跑向另一端，猫激动起来，又马上跳到秆子另一头等候。如此反反复复数次，无果而终。双方谁也不比谁聪明，智慧方面恐怕是半斤八两。邻居家猫很多，但个个如此，只有一个例外。这只猫不像其他猫那么兴奋，它快速跑到秆子一头一闻，确认猎物就在里面后很满意。随后用牙咬破一截秆子，扒开来，然后再咬再扒，如此下去直到秆子大部分裂开，只余不到20cm的一小段，这时老鼠逃出来就被抓住了。它屡试不爽，回回都得逞。其他猫呢，尽管叫它们观摩了这只猫的妙计，却始终没能学会。

　　同年秋天还飞来了数不清的裸颈鹳与短耳猫头鹰，前来享用老鼠大餐。

　　我记得E.纽曼先生有个观点，达尔文也曾引述过，他说英格兰每年三分之二的大黄蜂都是老鼠消灭的。因此，我决定继续观察这里的大黄蜂，看看潘帕斯的情况是不是和英格兰一样。于是我小心翼翼重访了我发现的那些蜂巢，发现短短时间里大黄蜂竟全都不见了。我很确定是老鼠干的，因为天气尚暖，花果丰饶，大黄蜂吃喝是不愁的。

　　天气转凉后裸颈鹳飞走了，可能是水源稀缺的缘故，因为猫头鹰都还留着。冬天的草原上，猫头鹰多得数不清。日落后，总有约50只绕着我家边上的树飞。糟糕的是，它们不只对老鼠有兴趣，也常攻击其他鸟类。我多次在黄昏时分观望，看它们合伙在树丛灌木间搜寻目标，并且把进攻组织得有条有理。一般是十几只猫头鹰绕着一棵树盘旋，就像一群飞蛾绕着蜡烛似的，其中的一只屡次朝树枝发起冲击，直到树上栖停的鸽子——通常是荒鸽——或是其他鸟儿被吓出来为止。可怜的鸟一旦从树上飞出来，这伙猫头鹰便群起而追之，一齐飞远消失在夜色中。我最不忍看它们攻击灶巢鸟（我对灶巢鸟怀着迷信般的狂热情感），为了搭救灶巢鸟甚至举枪打击这帮匪徒。可很快我就发现根本无济于事，猫头鹰照样夜夜飞来，数量如常，不管我打掉了几只它们总能迅速补充有生力量。卷入这样一场残忍的战争，我渐渐感到无望，痛下决心不再插手，顺其自然吧。更怪的是，猫头鹰竟然在寒冬里的潘帕斯繁殖。在农场干活的人和小男孩们发现了许多鸟巢，里面都有鸟蛋和雏鸟。7月，正是我们这儿最冷的时候，我竟还看到了一个猫头鹰巢，里头有3只雏鸟，3只都极其肥硕。尽管才到中午，大鸟已经在巢里储满了食物——3只老鼠和2只小豚鼠。

短耳猫头鹰是一种漂鸟，一年四季奔波迁徙，只为找寻食物充裕的栖息地。这批猫头鹰也许是从一处贫乏之地而来，在那儿因食物短缺或其他原因无法在夏季完成繁衍任务，于是只好在潘帕斯的寒冬繁殖后代。

周遭环境里我们熟悉的许多物种也在不断经历种群数量的增减变化，但我们往往难以察觉；但如果是当地不常见的某个物种，恰巧又是体型大且相对稀有的品种，它们要是在短时间内大量出现则会让大多数人都觉得不同寻常，并且不明所以。在潘帕斯，只要蝗虫、老鼠、青蛙或蟋蟀等迅猛繁殖，就可以想见以它们为食的鸟类数量暴增也很快了。对于蝗虫、老鼠、青蛙或蟋蟀这样生殖力旺盛的物种而言，一两项利好条件就足以使它们疯狂繁殖，这是再寻常不过的了。但随之而来的鸟类数量骤增却让人惊诧不已，这些鸟儿到底是从哪里得来的消息？明明它们住在遥远的他乡，平时也极少在此地出没，究竟是如何得知此地"粮草充足"的呢？过去那么多年我在潘帕斯几乎没见过裸颈鹳与猫头鹰出没，可似乎转眼间平原上空到处都是裸颈鹳飞翔的身影，而夜色中则到处回响起猫头鹰的叫鸣。显然它们都飞越了很长的距离才来到这里，但问题就是它们究竟是怎么被吸引过来的呢？

　　许多大鸟只要不处在繁殖期，便四处游飞搜寻食物。它们不能算是候鸟，因为这种迁徙与季节变化无关，如果某地食源充足，它们甚至会在同一个地方待上一整年。要是发现它们钟爱的食物在某地有丰厚的储备，最初发现情报的那批鸟便会留下，并召唤飞过此地的同类。在潘帕斯观察到裸颈鹳如此，短耳猫头鹰如此，褐头鸥和黑背鸥也是如此，它们是"游牧鸟"的典型代表：先来一批先遣部队，后有大部队不断加入，很快就全部覆盖了大草原。其实在我们肉眼所不及的高空，每时每刻都有大量的鸟类飞过。曾让我百思不得其解的是，当地很长一段时间里都没有黑背天鹅的踪影，但为什么每次大雨过后总能看到它们成群结队飞来，按道理它们必须飞越很长的距离才能来到。最后终于想通了，这么简单的事我竟一直没想明白，自觉羞愧难当。比起万里晴空，人在雨后的天空能看得更清楚，大老远就能看到飞翔的天鹅。锐利的阳光照着洁白的天鹅羽毛，在黑沉沉的雨云衬托之下闪闪发光的鸟羽格外显眼。所以其实天上时时都有许多天鹅飞过，只是我们注意不到而已。

　　每当沙尘暴降临潘帕斯，漫天尘雾里总能看到无数飞翔的褐头鸥，即使本来可能已经好几个月都没见过它们的踪影了。此地沙尘暴很罕见，久旱之后才偶有生成。这时往往水道干涸，如此干旱的环境中褐头鸥是无法生存的。虽不在这儿生活，但干旱时节高空中必然有许多褐头鸥飞过，而肉眼也是看不到的。只有在狂沙肆虐之际，高空飞翔的褐头鸥才被迫低飞，躲避沙尘暴。

　　到了八月（1873年），猫头鹰也都走了，走得很及时。冬季连日干旱，上一年的干草、牧草已被牛群和野生动物瓜分干净，或已归为尘泥，草原大户老鼠没了食物和藏身之处而渐趋没落，饥肠辘辘的家猫重新回到了主人家。这时的穴鸮就尤为可怜了，它们不像流浪汉短耳猫头鹰那样拥有强劲的翅膀，也没有它们预见后事的本领，只好在大逃亡的时刻眼巴巴地看着，原地挣扎。先前的丰饶把家猫变成了野猫，如今的贫乏却驯化了穴鸮。它们饿得有气无力，几乎连飞行能力都没了，只好成日在村庄附近兜转，寻觅一两口剩食。我常看到它们飞落下来，踱到房子周边，距离门阶不过两三米远，想必是被烤肉味诱惑而来。干旱一直持续到了暮春，牛羊变得羸弱不堪，许多都没有挨过久旱后湿冷的天气，成群地死去了。

"生命之潮"让我们明白，旺盛的繁殖力本是生物巨大的生存优势，但在极端丰饶的时节却成了致命缺陷。食物富足，又有足够的藏身之处，老鼠急剧繁衍，速度快到一时之间捕鼠动物构成的制约因素几乎可以忽略不计。但随后老鼠的天敌队伍也急速增长，原本不以老鼠为食的食虫动物及其他一些物种开始向猫头鹰、黄鼠狼靠拢，变得吃且只吃老鼠。除了本地捕食者，远方的漂鸟也加入了浩浩荡荡的食鼠大军。一旦草木旱死，老鼠彻底失去食物，流离失所，这场恶战的真实面貌便立刻铺陈开来。秋天的时候，老鼠还是泛滥遍野，多到几乎每迈一步都会踩着老鼠，地上随便一根野草杆都能摇下几十只来。可很快就让训练有素的捕鼠大军吃了个精光，到了春天几乎片甲不留，连谷仓和屋舍里都难觅其影踪。物种数量短时间内呈几何级增长而引发一系列剧变，在地球上的许多其他地区也很普遍，但始终不如上述这个例子生动形象。在这儿，大自然漠然无情的悲剧一幕幕展开，无数聪明的生物繁衍生息，欣欣向荣，却又几乎顷刻赴死，生命之潮卷过，最终连一个幸存者也没有留下。

第四章 动物的武装

SOME CURIOUS ANIMAL WEAPONS

4

严格算来，脊椎动物的"武装"无外乎长牙、利爪、犄角、尖距。犄角为反刍动物独有，尖距更是稀罕玩意儿。也有不少动物虽有爪有牙，爪牙的威力却聊胜于无，又或是因本性怯懦爪牙的潜能未得充分开发，这些动物因此显得特别脆弱，毫无防御之力。但事实上，因为保护色或天性机敏，它们避敌的本领并不弱，不比那些装备强悍的物种差。除此以外，还有的动物几乎连爪子和牙齿都没有，大自然千奇百怪的兵器库也没给它们配备其他攻守的武器，本章要讨论这样的一些物种。

假如生存环境恒常不变，动物的"武器"诸如角、牙、距、刺之类或许不至于演化得那样奇形怪状。然而实际上的"武器"却总是处在变异之中。环境变动，气候、土壤、植被时刻变化，天敌和对手有增有减，旧去新来，其"武器"和战略也随之更迭。既然人类能因定居开荒的需要把猎刀改造成耕犁，因打仗的需要把劳动工具改造成战争武器，又能创造性地把各种工具应用到与其发明意图毫无关系的地方，大自然当然更胜一筹。它自有无穷的变化应对各种情况，即使最软弱的生物也被赋予了求生保命的本事。自然选择就如同一个神灵，能为生物锻造各式各样的武器。在更宽泛的意义上，原驼发射的黏液、臭鼬喷放的臭液都算武器，防御效果也许并不逊于锋利的刺与尖锐的牙。

据我所知，在动物王国里要数披毛犰狳的环境适应性最为惊人。乍看之下，披毛犰狳就像是背部覆了个盘盖的食蚁兽。它的身形构造看似一无可取，但大自然偏把它生得狡黠机灵，这小动物竟把它坚硬累赘的甲壳变成了高效的进攻武器。贫齿类动物大多数是昼行动物，几乎只以虫类为食，有的甚至非蚂蚁不食。它们很死板，习性一成不变，智力有限，对人类避而远之。披毛犰狳却与众不同。与许多濒临灭绝的同类一样，披毛犰狳也食虫；不同的是，披毛犰狳不仅在地表和蚁洞觅食，所有昆虫类都是它的盘中餐，凭借敏锐的嗅觉它还能发现地下几英寸深处的蠕虫和幼虫。披毛犰狳捉虫的方式与鸟类相似，不是在地里挖洞，而是钻洞，埋头把锐利的长鼻子和楔形脑袋钻到所需的深度。很可能它还会边钻洞边转圈，因为钻孔呈圆锥形，而披毛犰狳头部本身是扁平状的。但凡它找到一块猎物丰盛的土地，那块地面便逃不了千疮百孔的命运，最终必定布满几百个整齐对称的钻孔。喜食鸟蛋与幼鸟的披毛犰狳还是地面筑巢鸟类的大敌。猎无所获之时，披毛犰狳则与野狗和秃鹫一样食腐，一夜夜不厌其烦地以牛马的腐肉为食。如果连腐肉也不可得，它就退而食草。我常常发现它们的胃里填满了苜蓿，更怪的是还有囫囵吞下的大而硬的玉米粒。

因此也就很好理解为什么一年到头披毛犰狳都是那样肥壮有力，就算在其他动物忍饥挨饿的时候，它们也总是吃得饱饱的。荒僻地区的披毛犰狳在白昼活动，在人多的地区它们则昼伏夜出，不到夜深绝不外出。但要是某处定居人口增多，人烟旺起来，披毛犰狳的数量也会跟着蹭蹭上涨，它们时时刻刻准备着适应新环境。无怪乎作为大自然观察家的高乔人创造了那么多关于披毛犰狳的寓言，故事里的披毛犰狳总是足智多谋、善于应变，就像北美民间故事《雷默斯大叔》里那个想方设法欺负狐狸的"兔兄弟"①。

不用说，披毛犰狳一定会比其他犰狳活得久得多，光凭这一点就足以使博物学家对它们兴趣十足。上一章《生命之潮》中我写过披毛犰狳是怎么捕鼠的，它捕蛇则用另一套方法。我有个在科连特斯角附近的石山间养牛的朋友，也是个认真的观察者。他曾对我描述他目睹的一次犰狳与毒蛇的交战。一天他坐在山坡上休息，看到五六米远处的一块石头上盘绕着一条蛇，身长约0.5m。过了会儿来了一只披毛犰狳，冲着蛇小跑而去。很明显，那条蛇注意到了来者，并且感到害怕，它迅速伸展身子，游动开去。犰狳见状立刻扑过去拦截，然后伏下身压紧毒蛇，开始剧烈地前后晃动身体，它那尖而硬的甲胄如同一把锯子般拉锯着蛇身。毒蛇的头部和颈部没有被压制，为了挣脱疯狂地张嘴去咬犰狳，但犰狳毫发无损。很快毒蛇败下阵来，蛇头垂地，犰狳抽身之时，它已命归西天，尸体一片血肉模糊。犰狳立刻开吃大餐，从蛇尾巴开始往前吞食，差不多吃掉三分之一的时候就已经酒足饭饱，蹦跶着离开了。

---

① 乔尔·钱德勒·哈里斯根据美国南方农场奴隶讲述的非洲民俗故事编写了"雷默斯大叔"系列故事，中心角色是计谋多端的"兔兄弟"，在美国流传甚广。——译者注

总而言之，掠杀成性、习性多变的披毛犰狳似乎与刺猬颇有几分相似之处。而且可能也和刺猬这种欧洲大陆的哺乳动物一样，毒蛇的撕咬也伤害不了披毛犰狳。

以前我养过一只猫，遇蛇必杀，且纯粹只为消遣，从不吃蛇。它灵巧地在目标的前后左右跳来窜去，不时伸出猫爪凶猛击打。蛇类有着数量庞大的敌军。穴鸮的食物构成中占大比例的是蛇；鹭与鹳以标枪般的长喙击啄蛇，然后整条吞食。大食蝇霸鹟叼住小蛇的尾部，飞到树枝或石头边，像抽鞭子一样把蛇狠狠甩上去，直到把小蛇甩得稀巴烂。如此残忍的杀戮还有一片叫好声，说是让人想起了《旧约》里的古语："拿你的婴孩摔在磐石上的，那人便为有福。"敌军队伍这样庞杂，大自然对于蛇的补偿便是赋予它致命的杀器。我们看来甚至会觉得毒蛇的武器过分厉害了，但实际并非如此，它的剧毒只能在一对一的对决中偶尔占上风。同一片地区毒蛇的数量总是远少于无毒蛇，潘帕斯更是如此。往往无毒蛇迅敏的行动比毒蛇致命的毒液更能影响战局。

潘帕斯的斑点树栖蜥，当地村民口中的"伊瓜纳"，也是顶尖的杀蛇高手。事实上，在蛇类浩浩荡荡的敌军里面，就数伊瓜纳最可怕，因为它眼力好，制敌速度奇快。伊瓜纳强大得无懈可击，那条威力无穷的尾巴照着蛇一甩，死神顷刻间降临。据高乔人说，就算是狗，去挑衅伊瓜纳也有弄折腿的危险。有一天我朋友骑马在外放牛，他把套索的一头系在马鞍上，其余部分随意丢在地上拖着。路上他注意到一只很大的伊瓜纳躺在地上晒太阳，明显处于睡眠状态。可就在他们经过的时候，伊瓜纳立即抬起了头，眼神死死盯牢地上缓缓滑行而过的那段 10m 长的绳索。突然间它冲上前来，扬起尾巴对着绳子猛抽一气。酷刑之下这段绳子仍旧无动于衷地逶迤前行，伊瓜纳眼睁睁地瞧着它远去，神情呆愕。啧啧，厉害！它这辈子怕是还没遇上过自己搞不定的蛇啊！

莫利纳在《智利博物志》提过，平原绒鼠也把尾巴用作武器。但莫利纳的话不可全信，我这一辈子都在观察平原绒鼠，除了凿子一般的牙齿外，从没见过它们使用其他武器。没错，它们的尾巴长得奇怪，底部是直的，然后朝外弯上去，最后在尾巴尖上又微微下垂，像极了瓷茶壶的壶嘴。底部平直的那段尾巴包裹着厚厚的角质层，它们偶尔嬉闹玩耍的时候，样子特别滑稽，会用这一段尾巴快速激烈地拍打地面，发出啪啪的响声。奇异的尾部构造也为其提供了良好的支撑效果，正是因此平原绒鼠才可以直起身坐着，坐得很轻松、稳当。

最懦弱的当属青蛙，全无攻击性。如遇敌人追击，它也只会蹦跳着逃跑，脊椎动物里再找不出第二种这么窝囊的了。每次碰上青蛙，我都是毫不犹豫伸手过去，比起别的，还是那种冰凉滑湿的触感更叫我害怕。但也有过一次没敢伸手的例外，那回见到的青蛙不一般，它既有进攻的本能又有进攻的武器，我着实大吃了一惊。我那天在外打鸟，看到一个废弃的洞穴，朝里瞄进去，在大约1m深的地方坐着一只结实的青蛙，虽然颜色和普通蛙差不多，体型却壮大得多。我马上双膝跪地，展开抓捕。它警觉地盯着我，身子却在原地一动不动，吃不准是在盘算些什么。我慢慢向它逼近，但仍有点距离，伸手还够不着。就在这时它径直跳到了我手上，两条前腿环住我的手指，突然间狠狠抱紧，霎时一阵剧痛传来。就在我因疼痛而快速抽回手的瞬间，这蛙松开腿跳走了。我马上急起直追，一路追到水洼边才勉强把它拿下，按着脊背牢牢抓住，它这才无计可施。随后我注意到，这只蛙的前肢异常发达，一般蛙类前肢细弱，它的前肢却肌肉鼓鼓地外凸着，简直与后肢一般粗壮，看起来特别狰狞可怖。我的鸟枪就在旁边，它死命抱住枪筒，以至于几乎刮伤了自己胸部和腿部的皮肤。我就这么放任它一次次拥抱鸟枪，等无用功消耗了它的部分体力后又让它再次抓抱了我的手，发现每次用力抓抱后它会迅速挣开，尝试逃走。因为这只蛙的生理构造和自卫方式与已知的蛙类大相径庭，我坚信自己发现了一个新的品种，于是把战俘带回家，打算让布宜诺斯艾利斯国家博物馆的负责人伯迈斯特博士看看。不幸的是，在家养了几天后它竟顶开盒子上的玻璃盖成功脱逃。后来我就再没见过这样的蛙。这只蛙当然没能耐重伤对手，但它的突袭真是一大绝活。如果当着一头愤怒的公牛突然撑开一把伞，公牛必然震惊不已，但这震撼程度恐怕远不及这只蛙的对手所经历的。它闪电般的跳跃与猛烈的抓抱让对手猝不及防，对手没回过神来的那一刻就是它逃跑的好时机。这只蛙的本能与它前肢的构造完美匹配，叫人叹为观止，我绝不认为这只蛙是种内的特殊个体，应是自成一个品种，坚信日后会有他人证实我的判断。届时或许可以将它们命名为"角斗士蛙"①。

蟾蜍虽行动迟缓，却具有攻击者的姿态。它受刺激而喷发的毒汁有极佳的防御力，甚至最致命毒蛇的毒牙也不比蟾蜍的毒汁能提供的自我保护更好。除去少数例外，只有蛇类、蜥蜴和蟾蜍的毒亲戚饰纹角花蟾三类生物才攻击、吞食蟾蜍。大概这些冷血动物天性冰凉迟缓而能抵御蟾蜍的有毒分泌物，恒温动物对此是难以招架的。不过我不确定是否鱼类也对蟾蜍毒液免疫。有天我看到一条大鱼肚皮朝上浮在水面，显然是刚死不久，看上去油光水滑、营养很好，肚子鼓鼓的。好奇死因，我便剖开了鱼肚子，在里面找到一只它吞吃的大蟾蜍。这死蟾蜍很鲜亮，可见皮肤还没遭到鱼胃液的腐蚀而褪色，一定是吞下它的瞬间这条鱼就一命呜呼了。南美洲的本地人认为蟾蜍喷射的乳白色毒液有奇特疗效，是用来治疗带状疱疹——此地多发的一种痛苦、凶险的疾病——的特效药，把活蟾蜍毒液敷在红肿发炎的部位。我敢说博学的医生定会嘲笑这种疗法，但如果没弄错的话，过去为聪明人不屑的不少土方现已写入药典、备受推崇，比如胃蛋白酶。早在2个多世纪前（那时的南美洲还处于古代时期），高乔人就习惯剥下美洲鸵的胃壁，晒干磨粉后治疗消化不良，这个药方至今还很流行。现代科学传播到了南美洲后，现在狩猎美洲鸵的高乔人可以赚两份收入，一是卖鸟毛，二是把晒干的美洲鸵胃卖给布宜诺斯艾利斯的制药者。放在以前，专业人士听到这种疗法后可能会评价：吃鸵鸟胃帮助消化无异于指望吞鸟羽毛就能飞上天，纯属无稽之谈。

前文提到饰纹角花蟾有剧毒，但它的牙齿并没有像毒蛇那样发育成型，不能有力地咬入静脉传播毒素。饰纹角花蟾是一种奇特生物，当地方言称作"伊斯库埃佐"，颜色虽鲜彩亮泽，外形却丑陋不堪。它们的皮肤呈亮绿色，间有巧克力色的椭圆色块，对称分布在表皮。唇部是明黄色，巨穴般的大嘴是淡肉色，喉部

---

① 据描述推测，作者笔下前肢发达强壮的"角斗士蛙"可能是某个牛蛙品种。——译者注

及以下为暗白色。体型粗粗笨笨的一坨，像是身材魁梧之人的大拳头。饰纹角花蟾还有一个比例失调的大头，头顶长着两个可以随意鼓起来或瘪下去的牛角状隆起物，其中嵌着两只眼睛。在它泰然自处时，浅金色的双眼仿佛是在两个瞭望塔里朝外观望。但要是触碰了它的头部或是遇到危险，那两个突起物便缩回去，缩至与头部表面齐平，完全遮覆住眼睛，好像是个无眼怪物。上颌有一排细小的牙齿，下颌只在正中有两颗牙齿，其余是坚硬的骨盘。舌头的位置长了一块突起的圆形肌肉，其上是粗糙的圆盘形，与一枚小硬币大小相当。

　　潘帕斯平原上随处可见饰纹角花蟾，向南直到巴塔哥尼亚高原的科罗拉多河流域还有分布。繁殖季节它们在水塘边集聚，夜间鸣声之响亮，令人咋舌。饰纹角花蟾的声乐表演与普通蛙鸣殊异，一般蛙类的鸣声如同一串串的打击乐，饰纹角花蟾的叫声音调悠长如管乐，颇为动听，宁静的夜晚能传出一两千米远。发情期过后，它们退散至湿地各处，常常一动不动地坐着，身子伏在地面，只露出绿色的宽阔背部，因而很难发现它们。它们就以这种姿势静候着，青蛙、蛤蟆、鸟类和小型哺乳动物皆是目标猎物。和蛇一样，饰纹角花蟾常犯的错误也是贪心，捕杀、吞食体型比自己大得多的猎物。春季天气潮湿的时候，它们在屋舍周边埋伏，袭击小鸡小鸭。饰纹角花蟾天性好斗凶蛮，任何靠近的东西都是它们的撕咬对象，一旦咬上去了便恶犬一般绝不松口，韧劲十足，用毒腺液污染猎物的血液。遭到挑衅后它们的身体会剧烈膨胀，膨胀到几乎要爆炸的地步，然后笨拙而缓慢地跳着追敌，巨嘴大张，呱呱叫个不停，十分刺耳。我认识的一个高乔人曾被一只饰纹角花蟾咬过。他在草地上坐下，手垂到身侧，抓住这咬人的东西，最后用了猎刀才费劲地撬开了它的嘴。有个夏天我家附近的平原上出现了二匹死马，一匹躺在地，腹侧的皮肤有折皱，另一匹马吃草的时候被咬住了鼻子，而凶手——两只毒蛤蟆也和受害者同归于尽了，嘴巴紧紧咬合着吊在死马身上。也许和蜜蜂一样，饰纹角花蟾太不懂该放手时就放手的道理，了结对手的时候也葬送了自己。

第五章／鸟之惧

FEAR IN BIRDS

5

在写在《物种起源》之后的许多动物学著作中常能看到关于鸟类天性惧怕人类的表述,但似乎可靠的证据只有一条,其余的都不过是假设罢了。这条证据就是栖于荒岛的鸟类最开始是不怕人的,可后来渐渐发现人类是不怀好意的恶邻,于是变得容易受惊,它们的雏鸟长大后也一样。以此推断成鸟养成的习性遗传给了后代,或者至少是经过漫长时间的洗礼代代相传了下去。但对于一切物种而言,与生俱来的本能是寥寥可数并恒久遗传的,因此一种习惯不可能如此轻易就转变为本能。

哪里有迫害,哪里的鸟儿就容易受惊,而幼鸟即便没有相关经历也会从亲鸟或其他与之有交集的成鸟那儿学来这种习性。我发现,比起人口稠密的地区,荒野地带的小型鸟类更加怕人,人形于它们是全然陌生的。大鸟比小鸟更怕人,但如果它们在栖息地没被射杀过的话,大鸟面对人类乃至枪手都表现得极其驯良。我常常大摇大摆地走近一群火烈鸟,直到距其30m左右时也丝毫没有吓到它们。因为没经历过枪击,它们总以为只要有一水相隔,逼近者就伤害不了自己,安全得很。如果是在旱地上,火烈鸟绝不敢让人靠得那么近。英格兰的麻雀比我在荒原上观察到的、没怎么见识过人的麻雀要温驯得多。而且显然英格兰的幼雀比成鸟的胆子更大一点,更不怕人。去年夏天住邱园①附近时,我花了很多时间观察麻雀,每天都把面包和种子扔到后窗外那个低矮的屋顶,投喂那里的四五十只雀儿。我注意到幼雀刚会飞便被亲鸟带来这儿,两三次过后它们便能独自前来。单独来的时候,幼雀敢和我离得很近,和家养的小鸡一样没什么戒心。成年的麻雀尽管大胆许多,却疑心极重,叼了面包就飞走,就算不飞走也是慌慌张张地跳来跳去,时不时地伸长脖子看看我。它们不安地动来动去,叽喳叫着互相提醒警告。很快,幼雀也染上了成鸟的恐惧感。它们的疑虑与日俱增,不出一个礼拜其在行为上就和成鸟没什么两样了。显然,麻雀对人的惧怕是从群体中习得的,要不然它们就和牛马羊一样几乎不会为人的出现而困扰。那么大鸟呢?它们是人类的食

---

① 邱园的正式名称为皇家植物园,位于伦敦三区的西南角,是联合国世界文化遗产。邱园始建于1759年,收集约5万种植物,约占已知植物的1/8。——译者注

物，长久以来遭受着人类毁灭性力量的摧残，有过数不尽深远而惨痛的经历。

　　智者告诉我们，鹈鹕，或称美洲鸵，是地球上一种非常古老的鸟类。美洲鸵体型巨大，有翼而不会飞。它们是优质的食物，对于喜食腥膻肥肉的野蛮人来说尤其如此，因此其一定和地球上其他存活至今的鸟类一样有着被人类猎杀的悠久历史，甚至比其他鸟类更惨。如果鸟类对人的恐惧真的变成了一种可遗传的本能，那么我们一定能在美洲鸵这儿找到些蛛丝马迹。可我观察过几十只圈养的美洲鸵幼鸟，都是在亲鸟还没来得及教会它们该害怕些什么的时候就抓来了的，发现它们一丁点儿怕人的本能都没有。我自己也养过一窝美洲鸵，刚孵化出壳就抓来了。觅食几乎都由它们自主安排，可以说是相当独立自主，它们花很多时间捕苍蝇、蚂蚱和其他昆虫，很是得心应手。可这窝小鸟对于自己所面临的危险却一无所知。它们跟着我走东到西，好像把我当成了父亲。每次我模仿老鸟发出响亮的鼻音，或是危急时刻那种粗声粗气的警告声，它们便恐慌地朝我奔来，尽管其实视线范围内什么动物都没有。它们一窝蜂涌来我脚边，还拼命把头往我裤脚里面钻，想要躲进去。如果一连几天让一个穿着黄衣服或者白衣服的人过来，每次只要他一出现我就发出警告，那么美洲鸵幼鸟马上就会形成见他就逃的习惯。后来甚至用不着警告，且这种对黄衣人或白衣人的恐惧将伴随它们一生。

　　就在大约20年前，拉普拉塔和巴塔哥尼亚地区极少甚至可以说没人用枪射杀过美洲鸵，这儿盛行骑着马用绳圈套捕。所以一看到骑马之人，美洲鸵便立刻逃窜，而对双脚着地的行人则不大设防，人甚至可以走近到能轻易射杀它们的距离。但美洲鸵的骑士恐惧也不过200年历史，想想只是很短一段时间。在印第安人从入侵者那儿借到马匹之前，他们必是凭双脚追赶美洲鸵追了好多个世纪。随着猎人更换方法，美洲鸵也不断变换习性求生存。假如现有牧场主在牧场里禁止猎捕美洲鸵，那么它们的野性虽然并不会因此减少分毫，但用不了几年它们也会和家禽家畜一样同人熟络起来，不再惧怕。我在几个牧场里见过一些臭脾气的老雄鸟变得极其可恶，四处追逐人攻击人，不管是马背上的还是走路的人胆敢靠近，它一律不放过。可见如果怕人是属于整个美洲鸵物种的本能，便不可能如此轻易地丧失，不会因为几个牧场主人在自家牧场进行区区五六年的禁猎就荡然无存。

说到这一点，我想营冢雉一定是鸟类中的例外，雌鸟产蛋后把鸟蛋埋在雄鸟搭好的土堆里就逍遥离去。雏鸟孵化后踢碎母亲埋葬它的坟茔，破土挖洞方见天日，在初生的幼稚岁月便茕茕孑立，以独立个体的姿态进入生命的旅途。不过这样一降生就拥有祖先全部智慧的鸟类，又是否有幼稚期一说呢？不管怎样，基于巴特利特先生对动物园孵出的营冢雉幼鸟的观察，似乎它们并不关心同类大鸟的所作所为，一出土便自顾自地生活着，甚至马上飞到树梢，各自栖息过夜。但我并不敢全盘接受以上观察，因为可以肯定人工圈养环境会干扰某些物种的本能。也有可能在自然环境下，大鸟会多多少少监护初生的幼鸟，以及像其他鸟类一样发出特殊的鸣叫以提醒幼鸟规避潜在危险。若非如此，营冢雉幼鸟出于本能会害怕、会飞离或躲避任何靠近的活物。而我无论如何都无法相信它们的知识是与生俱来、先于经验的，它们不可能天生就知道人与袋鼠习性不同，也不可能第一眼就能分辨敌我。事实的面貌恐怕是难得究竟了，因为澳大利亚人正兴致勃勃地疯狂屠戮营冢雉，为了口腹之欲把这珍稀的鸟儿赶尽杀绝。这么做比毛利人灭绝恐鸟①更说不过去，因为澳大利亚人有着吃不完的羊头和兔肉，并不用为食物苦苦挣扎。

鸟类是否生来就知道害怕敌人，或者生来就能辨别敌我，这是一个更大的问题。有些一破壳而出就在地面自由奔跑的鸟儿知道该吃什么食物以及回避那些危险事物，是否所有的幼鸟都具有区别敌我的本能？达尔文提道："观察雏鸟可以发现，害怕天敌当然是鸟类与生俱来的本能。"此处，似乎他把人类也划归为鸟类天敌。达尔文在另一篇文章中提道："小鸡仔害怕猫狗无疑是天性，但它们已经完全丢掉了这种习惯。"我本人的观察却全然相反，而在研究幼鸟习性这方面我有着更优越的条件。

所有动物不分长幼，但凡有奇怪物体接近，都会因本能的恐惧而畏缩。随风

---

① 恐鸟是历史上分布于新西兰及其周边的一种巨型无翼鸟，据估计于19世纪50年代左右灭绝，灭绝的主要原因是毛利人祖先的猎捕和开荒。——译者注

飘来的一张报纸，俯冲而下的秃鹰及其死神般的利爪，二者对于经验不足的幼鸟而言具有相同的危险系数。但某些还不会飞的幼鸟倒是例外。比如猫头鹰与鸽子的大部分幼鸟所表现的不是害怕而是被激怒，扑腾着翅膀，以嘴击啄入侵者。而其他幼鸟只是吓得缩进窠里或就地蹲下。显然，逼近的陌生动物或物体有多么突然，它们就有多害怕，害怕程度与突然程度呈正相关。可是如果致命的死敌小心翼翼地缓缓靠近，比如蛇类——蛇类一定自古以来就是鸟类的大敌，那么即使敌人毫无遮掩且时刻准备攻击，幼鸟也不会害怕或生疑。这可以理解为亲鸟没有发出警告声。退缩、躲避突然靠近的物体是幼鸟野性的体现，达尔文又认为野生鸟类比家养的更具野性。但此前我已经讲到过美洲鸵幼鸟极其温顺，我还观察过由家禽孵化的鹅科幼鸟、鸽科鸟幼鸟与白骨顶幼鸟，发现它们与家养禽鸟一样敌友不分。唯一区别是，野鸟的幼鸟比驯化的幼鸟活泼、精神许多。但也存在不少例外。如果所谓野性就是指更加警觉、更有活力，那么事实上许多野鸟的幼鸟，如美洲鸵、冠叫鸭等，比新出壳的小鸡小鸭要温驯多了。

　　回过头来再说说雏鸟。在它们很小的时候，还没得到亲鸟的教育，这时如果轻轻靠近并触碰它们，雏鸟很自然地就张开鸟嘴接过食物，不管喂食者是人类还是亲鸟。如果人在给它们喂食的时候正好让回巢的亲鸟撞见，亲鸟发出警告提示的音调，雏鸟便立即停止嗷嗷待哺的叫唤，合拢张大的嘴巴，在鸟窝里害怕地蹲下。这种亲鸟发出的警告音甚至在幼鸟孵化前就起作用了，我观察过三个目下的好几个种类，发现都是如此。当蛋壳里的小囚徒捶打蛋壳，叽叽叫着好像在恳求把它们放出去，这时亲鸟的警告音响起，即便从较远处传来，蛋壳里的骚动和抱怨马上应声而止，然后静静地在里头安分好长一段时间，直等到亲鸟鸣声一转，释放出安全信号后蛋壳里才又闹起来。另一能证明雏鸟绝不是天生就能分辨敌人而是靠亲鸟传授经验的证据在于，同一个鸟巢里寄生的幼鸟和亲生的幼鸟习性截然不同，两者可以离窝但还不会自主觅食的阶段也迥然不同。我没有就这一点考察过英格兰的寄生鸟杜鹃的幼鸟，不知其他观察者是否有过特别关注，但南美的寄生鸟八哥与牛鹂，它们的习性我熟悉得很。对于养父母发出来的警告音，牛鹂幼鸟从来都无动于衷。等它们长大一点儿会飞了，会从人手里吞虫子吃，这时即便大鸟飞到近处盘旋着发出警告，它们也毫无反应。如果窝里还有亲生幼鸟幸存，没被寄生鸟挤走的话，亲生幼鸟听到警告早就缩进窝里瑟瑟发抖了。离巢后的牛鹂还是呆呆地全无长进，我不止一次见过，停在高枝上的牛鹂被叫隼叼走。假使它原来听懂了养父母的教导，那么在这种情况下就会跳入灌木丛或草丛逃之夭夭。但等牛鹂自谋营生后，开始与同类交往，习性就慢慢改变，最终也学得和其他鸟类一样疑心重重、野性十足。

关于寄生的幼鸟后期如何变得惧怕人类，我还有一些基于野鸽的观察要补充，也与本章的讨论紧密相关。我在潘帕斯住地养了鸽子，鸽房边上有棵大树，不少家鸽也在低处的横枝上筑了巢。一年夏天碰巧有只野鸽在那棵树上的家鸽巢里下了个蛋，是最常见的哀鸽，体型只有家鸽的三分之二大。于是一只小哀鸽就这么孵出来养大了，等它会飞了也被带来了鸽房。我没少观察它，这个养子虽然和家鸽共处一地，却总是格格不入，大概永远也不会合群，看得出它很厌恶家鸽调情时的轻浮腔调。每次有雄鸽靠近，发出咕咕哝哝的喉音，做出怪里怪气的示爱姿势，它就会凶狠地攻击，直到把不讨欢心的追求者赶走，雄家鸽的身材其实比它大出许多。一般这只哀鸽连坐都不和其他家鸽挨着坐，总要留出小半米距离。其实它也是雄性。只是那些家养雄鸽因为驯养已不再敏感，既分不出它是雄是雌，也搞不清它是否为自己的族类。我养的家鸽，因为不给喂食，它们和其他野鸟一样在大平原自谋生计，所以虽说是家养，但完全不如英格兰的家鸽那样温驯。人要是走近到两三米外，它们就飞走，扔谷粒过去，也是吃得犹犹疑疑的，有时干脆不碰。家鸽的幼鸽一旦会飞，开始与其他鸽子来往以后，就马上和成年的鸽子学得一样怕人。当有人走近，家鸽模样惊恐，叫声发颤，哀鸽却完全弄不明白是怎么回事。没有同类在旁边示范，它便一直没学会对人的疑惧，所以虽然生来是野鸟，却不怎么警惕，和马儿一样见了人不惊不惧。整个冬天它都和家鸽一起行动，日日同进同出。但春天临近，维系关系的纽带渐渐松弛，家鸽的陪伴越来越不称它心意，这只哀鸽便开始独来独往。但它没有飞去树上，而是来到了我家房子这儿，最喜欢停在葡萄藤缠绕的门廊廊檐上，就在大门边上。每天中有好几个小时它都在此度过，其间不停有人进进出出，它也毫不在意。天气转暖后，它还会鼓起胸膛咕咕咕，发出欢快的叫鸣，我们听了也颇感愉悦。

显然，观察雏鸟和幼鸟是最有收获的。虽然如此，我观察成鸟已形成的习惯也颇有所得，更使我深信鸟类对于特定敌人的恐惧几乎都源自经验或是传袭而来——"几乎"二字当然是不能省略的。

鹰类历来是许多鸟类的大敌，最为暴虐凶蛮。作为受压迫者，鸟类对于不同种类的猛禽所具有的不同杀伤力似乎知道得一清二楚，敌人有多凶险它们就有多惊恐，二者成正比。有些猛禽从不攻击鸟类，有些偶尔为之，还有一些专攻弱幼之流。就我在拉普拉塔地区的观察而言，从主打食腐的叫隼到极具攻击性的游隼，中间当然隔着许多捕猎习惯与骁勇程度不同的鹰类。而被压迫的鸟儿对它们可是差别对待的，猛禽只能得到与它们自身力量与勇气相匹配的尊重，一分不多。不熟知野鸟习性的人可能觉得如此精确的区分难以置信。如果鸟儿的恐惧是源于本能或者遗传，那么我不认为会形成这样的精密区分，即针对不同猛禽产生不同程度的恐惧。如果恐惧是它们的本能，那么必然虚惊不断，差错不停。特别是在鹰类密集地区，大多数鸟类就只能时刻活在惊恐之中。而实际上，在潘帕斯，相对无害的叫隼对小型鸟类没有半点威慑力，尽管它远看很像凶狠的白尾鹞，并且也时刻准备着攻击老弱病残的鸟，但其他鸟儿都知道无须多虑。假如叫隼出其不意，急速飞掠过树篱或小树林，可能会被误认作更凶悍的品种，从而激起一阵骚动，有的鸟儿还会惊得冲飞上天，可要不了两三秒它们就发现搞错了，于是马上镇定下来，再不关心这食腐者了。与之相反，我自己常常把棕色羽衣的斑腹鹞误认为叫隼，直到看到小鸟们一阵惊慌骚乱，才知道自己弄错了。鹞类部分食物来源就是小型鸟类，把小鸟从地面惊起，然后以利爪击打。每当有鹞出现，在近地面盘旋巡飞，四处就会陷入混乱，各种小鸟惊慌失措地尖叫着，叽叽喳喳冲进草丛和灌木丛里。不过恐慌传不了很远，且随着鹞飞走很快就会平息下去。秃鹰是更加可怕的存在，会引发大范围传播的恐慌，它们当然更具杀伤力。

另一个有趣的例子是群居的蜗鸢，它们在拉普拉塔地区的沼泽过夏，也在这儿繁殖。长居沼泽的鸟儿对它毫不在意，因为蜗鸢的食谱里只有螺类。但如果它飞入林子或农场栖息，往往因为形似秃鹰而引发惊慌。林鸟不熟悉蜗鸢，不了解它的食性，因此也不知道该怕它几分。也该一提的是，比起其他鹰类，拉普拉塔的鸟儿似乎不怎么害怕长得像风筝的黑翅鸢。我想大概是它与本地的海鸥很像，其体型、雪白的羽毛和飞行的姿态都很接近，因此骗过了大多数鸟儿，使它们卸下了戒备。

　　游隼分布广泛，在拉普拉塔很常见，但1888年前有关当地鸟类的记载中都没有它，这有点奇怪。此前我提到的几种猛禽对于群鸟的威慑力都远在游隼之下。游隼自然更具毁灭力量，因为鸟儿是它唯一的食物来源。而且它的规矩是只吃鸟头鸟脖子，它把猎物的其他部位留给它的爪牙——尸鹰享用。游隼从高空直线疾飞而过，目之所及的整个飞鸟世界便陷入无穷的混乱，所有鸟儿，体型从小到大，鸭子、朱鹭、麻鹬之流都会感到惊恐，慌慌张张在空中扑腾乱飞一气。直至游隼于长空飞过，恐惧的余波缓缓消退，而鸟儿们还要躁动片刻才能停息，可见惊惧之深。

　　结束前我得再提一提另一隼科猛禽，与游隼不同，它只在沼泽栖居。它全身的羽毛是暗灰色，体型比雄游隼小三分之一，但翅膀却很有力；其飞行姿态与游隼相似，速度却快很多。可惜尽管我观察不下百次，始终没能获取样本，也没发现它与已有记录的美洲鹰相似，所以目前还不能正式给它命名。单从它引起的恐惧来判断，它一定比它那体型较大的亲戚游隼更令普通鸟儿害怕。它在极高的空中飞行，有时急速垂直下降，翅膀发出号角般悠深的声音。这翅音是它刻意而为的，显然会惊动猎物。它当然有狂妄的资本，猎物的区区翅力根本不在它眼里。我有时觉得它冷眼瞧着自己空灵的翅音所引起的巨大恐慌，可能正在享受暴君般的快感。这也许只是我的幻想，但有些鹰类有时不是为食物而捕猎，只是单纯享受追击之趣。贝尔德就说曾见过游隼捕鸟，猎杀后便从空中抛落，并不进食。我们知道许多猫科动物也有相似的习惯，精心打磨残忍的手艺是它们的乐趣所在。

如果这种沼泽鹰突然当空而现，便有一场好戏可看。我常看到沼泽中的全体居民霎时间为恐慌攫住，发了狂似的，我就知道抬头准能看到那挥舞双翅的死神正凌空悬停。飞行中的鸟儿突然掉落，仿佛是吃了枪子儿一般落入芦苇丛或是水中央；游在水中央离岸较远的野鸭伸长脖子贴平水面，好像受了伤一样拖着身子就近藏身；谁也没胆子在这时候绕着入侵者盘旋，如果换作其他鹰的话绕飞是再平常不过的。它每一次极具威胁的俯冲，都会激起下方鸟儿一致的恐惧低鸣，这惊鸟声因携带着强烈的情绪而富有感染力，马上整个沼泽区域弥漫开一片哀鸣低语，就如狂风呜咽着钻过灯心草丛。只要它还在上空停留，一般是四五十米的高处，间或发起几次俯冲，那么沼泽里成百上千个担惊受怕的声音汇合而成的紧张的和声便追随它的动态时高时低，起起落落，并在它冲低时升级为惊声尖叫。

有时我骑马过沼泽地，会有一只这种沼泽鹰跟着，飞在头顶正上方十几二十米的空中。也许它们已经习惯跟着骑马人飞，以猎捕跑马惊起的鸟儿。一次我的马儿差点就踏上一对战战兢兢躲在矮草丛里的沙锥鸟，就在它们受惊飞起来的瞬间这头鹰急速飞下，俯冲之际翅端掠过我，重重划伤我的脸颊。在马儿膝盖高处它拍击其中一只沙锥，但这只沙锥鸟逃开了，它钻进缰绳下方，从我的另一边落下。沼泽鹰便升空飞走了。

言归正传，我认为有理由相信鸟儿对鹰类的恐惧，与对人类的恐惧一样，基本上都是从经验与传统中习得的。尽管如此，有些居于野外、易受攻击的鸟类，以及鹰类偏好捕食的鸟类，如鸭、鹬、鸧，它们对于鹰类的恐惧则可能是遗传的。我倾向于认为，在雀形目的鸟儿中燕子是天生害怕鹰类的。有传说欧洲隼偶尔也抓捕飞行中的燕子，但这似乎是极罕见的，在南美我从没见过猛禽追击燕子。燕子和蜂鸟是最犯不着怕鹰的二种鸟。蜂鸟总是肆无忌惮地追赶、戏弄鹰类，把它们当鸽子与鹭鸟一样看待。而燕子呢，见鹰类靠近，便张皇失措，它们虽也害怕其他捕食者，但恐惧程度比这低很多。问题是，燕子既毫无害怕鹰类的必要，却无一例外地害怕鹰类，这份恐惧从何而来？是不是远古时代记忆的遗存？也许很久以前有过一种体型小巧的鹰，它们姿态轻盈与燕子相当，喜好猎捕燕子。

赫伯特·斯宾塞认同达尔文的推论，他在下文阐述了鸟类因经验而来的对于人类的恐惧是如何演变成一种本能的："众所周知，新发现的陆地，因为本没有人类居住，在那儿鸟类对人毫不避讳，以至于拿根棍子就能把它们击晕。然而代代发展下来，鸟类生出了对人的恐惧，人一走近便飞走，成鸟幼鸟皆如此。这种改变可以归因于那些最不怕人的鸟被杀了，而最怕人的鸟得以生存繁衍。但由于被杀的鸟数量相对来说很少，因此这个解释并不充分。那么鸟儿变得怕人的原因就只能是因为经验累积，每一次相关经历都参与了恐惧本能的形成。我们必须推断，每只遭人类攻击、负伤脱逃的鸟儿，或听到鸟群其他成员惊叫而恐惧的鸟儿（任何有灵性的群居动物或多或少都有同情心），因为直接或间接受过人类伤害，将人类与伤痛之间联系了起来。我们应进一步推断，鸟儿见人飞走的意识在最开始只是印象再现，是曾经因为人的靠近而产生痛感的再现；后来随着直接或是同情产生的伤痛经历越来越多，这样的再现也愈加生动、频繁；因此鸟类的恐惧情感，最初只是疼痛记忆的集合。"

"不可避免地推断出，之所以一代代下来即使没受过人类伤害的幼鸟也表现出对人的恐惧，是由于鸟类神经系统因为此前经验的累积而发生了演变。也因此必须得出结论，幼鸟见人就飞走是条件反射，因人类靠近而勾起的印象在神经里产生了某种兴奋，这正是它们的祖先在相似情景下所经历的。伴随这种兴奋的是痛感，模糊的痛感构成了恐惧的情感——具体的经历与情感不可分割，因此看上去似乎是一回事。"

所幸我们知道斯宾塞所谓"不可避免的推论"其实是有错漏的，鸟类的神经系统还没有因为人类迫害而演化。一旦发生演化，需要漫长的时间才能撤销人类犯下的罪孽，否则天空之子必与人类决裂，众望所归的"更和谐的人鸟关系"更无从谈起。

第六章

亲体本能与早期本能

PARENTAL AND EARLY INSTINCTS

本章标题下我汇总了几条观察日志，日志记录的对象之间并无联系，但都是关于我所观察到的一些动物的亲体本能，以及刚出生的动物在生命的初期所表现的本能。

十二月的一天，我抓到一只母蝙蝠，是布宜诺斯艾利斯常见的蘖蝠。它身上挂着二只壮硕的幼崽，负重之时竟还能飞行、捕捉昆虫，真是难以置信。幼崽体型只比母亲小了三分之一，所以母蝙蝠的承重远超过自重。两只幼崽像刚出生时那样，一边一个，坠在母亲的胸腹之下，有可能它们自出生以来从没有换过位置，不像负鼠的幼崽那样会挪到母亲身体的其他部位。它们要等到足够成熟后才开始独立生活。我强行把两只幼崽与母蝙蝠分开，发现它们还不会飞，等我松手后在地面虚弱地扑腾翅膀。看来这只母蝙蝠相比其他我观察到的动物要承担更多的育儿负担。我也曾见过一只年老的母负鼠带着11只老鼠大小的幼崽——母亲自己体型还没有猫那么大，崽子们挂在它身上的不同部位，而它在树上高处的枝丫之间爬来窜去照样还是那样灵敏迅速。母负鼠承受的重量相对来说要比那只母蝙蝠大得多，但它那手一般灵活的脚始终牢牢攀着树没放开过，此外还有一条抓握力强大的长尾巴辅助。而可怜的母蝙蝠要在空气中谋生，得像燕子般轻灵地捕虫。它吊着沉重的负担，竟还活动自如地觅食，真是不简单。

后来我放走了母蝙蝠，看着它消失在林间。随后把幼崽带回它们被抓的地方，一棵矮小的金合欢树繁密的叶丛中。这两只小蝙蝠自由了，便开始在嫩叶细枝之间想方设法地向上攀爬，姿态灵敏。它们用牙齿叼住树枝，翅膀抱着一捧叶子，好像人抱起一堆松散的衣物并紧紧压在胸前。接着身体贴着抱住的叶子滑上去，然后牙齿再咬住更高处的树枝，就这样一点点向上，直到爬到期望的高度。在那儿它们找了根树枝，并排地倒挂上去，其中一只很快缩头睡着了，另一只舔舐着翅膀，因为它翅膀上娇嫩的薄膜刚才一直被我的手指捏着。后来我试着喂它们吃小昆虫，可它们态度明确地拒绝了我的示好，每次我一靠近就凶狠地啄我。傍晚我在这棵小树近旁观察，看到母蝙蝠回来了，径直飞向我原先抓住它们的位置，过了会儿它就带着双胞胎飞走了。看到这一幕真是欣慰。

假如这两只蝙蝠幼崽在我干预以前一直过着挂在母蝙蝠身上的寄生生活,那么与母亲分离后它们灵活的爬树姿势,以及针对我表现出的愤怒,是相当惊人的。因为所有初生下来幼弱无助的哺乳动物,像啮齿目、鼬鼠、贫齿目甚至有袋类,它们的自卫本能都是在有了行动能力后逐渐发展的,由母亲带它们出去,在与母亲和同胞的玩耍中成长起来。而蝙蝠幼崽像长在树上的果子一样被动地依附着母亲生存,它们的本能没有经过练习或训练就已臻于成熟。

我还观察过上面提到的几种哺乳动物,发现刚出生的幼弱崽子似乎不懂与父母沟通,弄不明白父母的警告。鸟类不同,眼睛还没睁开的幼鸟就对亲鸟释放的信号一清二楚。其实这种沟通于哺乳动物倒也不必要,因为哺乳动物的幼崽一般藏在隐蔽的洞穴和其他安全的地方。但万一遭遇意外,它们暴露在光天化日之下,这时候父母要保护它们就变得十分困难。有次我"突袭"一只母鼬鼠,强行把它的幼崽弄走或者说领走,它无力抵抗,只能在一旁愤怒而焦躁地嘶叫着,声音很有穿透力。那几只幼崽呢,它们尖细的嗓子发出可怜的哀鸣,在原地团团打转,却完全不知逃跑也不躲藏,不像幼鸟那样会采取行动。

有些田鼠在地表筑巢繁殖,但巢穴通常造得很不牢靠,所以那些田鼠幼崽无疑是大自然最无助的群体。但这种高风险习性使母亲在拥有同类动物都有的一般本能之外,另外又发展出更复杂精妙的护崽本能。这个想法是受偶然观察到的母田鼠行为的启发。在布宜诺斯艾利斯附近的一个秋日,我走在一处田里的残株枯梗之中,突然听到脚下传来一片尖锐的小嗓音——这种声音我很熟悉,是刚出生还没睁开眼的小老鼠受了惊吓或疼痛时发出的,针一般尖尖细细。低头一看脚旁有一鼠窝,里头九只小鼠蠕动着尖叫着,母鼠被我的脚步吓到,丢下崽子窜走了。它逃跑时太过惊慌,把鼠窝的顶子撞翻了,那顶子是用细草和蓟草编成的,本就不大牢固。我看着母鼠逃跑,但跑出五六米后它又停了下来,微微侧转身来,一边观望一边吓得浑身发颤。我一动不动站在那儿以减轻它的疑惧——野生动物都吃这一套。过了会儿它便折返回来,但是极其小心谨慎,不时停下来颤颤地观望,一路在玉米秆丛中躲躲藏藏,并借助地表高地不平处藏匿行踪,最后总算回到鼠窝。母田鼠叼起一只幼崽迅速跑开，跑到七八米远处把崽子藏到一簇干草中。放下崽子后再次谨小慎微地跑回鼠窝，把第二只鼠崽子叼去和第一只藏到一起。说来奇怪，第一只小鼠原本在藏匿处吱吱尖叫个不停，四周静谧，听来格外清晰，但第二只小田鼠被带来后它马上就安静了下来。母鼠第三次回巢，这次它叼起小田鼠没有如我所想地去同一个地方，而是向反方向跑，消失在枯草丛中。第四只崽子也叼去了那儿。就这样一次次往返，它把崽子们转移到离鼠窝几米远的地方，两两安顿在一处，最后只留下第九只成单的小鼠。这只它又另带去了一个新地方，消失在我的视线外。我在原地等了整整十分钟，母鼠没回来，后来去找就怎么也找不到那些鼠崽子了，甚至连吱吱的叫声也再没听见。

我在潘帕斯还常观察初生的羊羔，次次都惊讶它们竟这般愚钝笨拙，虽然也知道这也许和驯养所致的退化脱不了干系。痴愚状态会持续 2 ~ 3 天，其间小羊羔的一举一动完全是出于本能，而它们的本能反应太愚钝了。随后慢慢地，随着经验积累与母羊的教导它们越来越灵光了。刚生下来，小羊的第一反应是挣扎着站起来，第二反应是吸吮。但不像刚孵化的雏鸟知道甄别食物，小羊羔并不知道自己该吸什么，不管够到什么都往嘴里塞去，往往是母羊脖子边上的羊毛塞了一嘴，还吸个不停。极可能是母羊乳房分泌物的强烈气味儿引领羊羔最终找到正确的部位，如果没有引导，小羊真的会因为找不到乳头而挨饿。常常看到小羊羔出生好几个小时了，还在和母羊脖颈或前腿的羊毛卷儿纠缠不休，我认为它们之所以那么久都没能找到乳头可能是嗅觉有缺陷。羊羔的另一重要本能是，自打能站起来以后，对任何离开它的物体它都要跟上去，对任何靠近它的物体它都会跑开。即使母羊也不例外，母羊如果转个身，挨得小羊更近了一点，哪怕只是一点点，小羊也会害怕地后退并跑开，任母羊怎么咩咩叫唤，它也听不明白。同时，不管是人、狗、马，还是其他别的动物，只要从小羊身边走，它就一定会跟上。潘帕斯牧羊区最常见的就是睡着的小羊羔突然起身跟上骑马的人，紧紧追在马蹄后边跑。心肠软的人碰上这事儿就特别苦恼，因为不知道该如何甩开这小傻瓜。如果不管不顾往前行，那不管他骑多快，小羊都会勉力追赶，即便跟不上也至少跑出一两千米，因此和母羊走散。而高乔人从来硬心肠，他们绝不犹豫，头也不回地狠心把鞭一挥，就把这小东西打晕了。我还见过一头两天大的小羊，惊醒后马上跟着一朵人头大小的马勃菌跑了，大风吹着风干的马勃菌在光滑的草皮上滚动，小羊追了四五百米，直到一簇粗硬的草丛挡住了马勃菌的去路。等到小羊能区分母羊和其他物体，认出母羊的声音，它就能摆脱这项愚蠢本能。长到四五天大后，小羊还会从睡梦中惊醒，但不再莽撞地跟着乱跑，它会先四周看看，找到母羊后跑过去。

潘帕羊或称克利奥拉羊①——潘帕斯的老土种绵羊——一生下来便活力无限，常常让我吃惊不已，它们比起改良过的欧洲品种羊羔要活跃多了。潘帕羊的历史要上溯到三个世纪前引入拉普拉塔地区的第1只绵羊。它们高而瘦，肉质如鹿肉一般干柴，羊毛同山羊毛一样长直。在这样气候多变、干旱不毛的贫瘠环境生存，潘帕羊已丧失了大部分对于人类而言的重要品质，羊肉不再鲜美，羊毛不再优质，但野性却有所回归。它们在这儿顽强地经风受雨，唯一的需求就是主人保护它们免受大型食肉动物攻击。潘帕羊嗅觉敏锐，腿脚灵便，其他动物在这儿食不果腹，它们却茁壮成长。我常看到，隆冬腊月里刚出生的小羊羔，顶着凛冽寒风降生在霜冻的土地上，要不了五秒钟就能自己摇摆着站起来，看上去和其他品种一天大的羊羔一样精神。潘帕羊与其说是绵羊，倒和原驼更像，羊群分得很散，在原野上顺风疾驰。母羊因为分娩脱离了大部队而颇不耐烦，等不及喂奶就快跑着加入羊群。小羊降生不到一分钟，便跟在母羊身旁自由奔跑。虽然野性勃发，但至今潘帕羊还未完全摆脱长年驯养形成的陋习，以致无法在野外独立谋生。50年前，牧牛业兴起，利润丰厚，从此人们再不愿费劲剪羊毛了，打工的高乔人有了牛肉吃也不愿意碰羊肉了，于是潘帕斯南部的不少牧场主盘算着把羊群处理掉，因为它们已经失去了存在的价值。许多羊群被赶到偏远的地方，走失在野外。成千上万头羊被迫在荒野中自谋生路，始终没能繁衍出新一代野羊，很快它

---

① 克利奥拉意为从欧洲引进美洲的品种。——译者注

们就让美洲狮、豺狗和其他野兽瓜分尽了。纯正的潘帕羊曾经有其独特的价值，可现如今人们认为只有改良了的品种才有必要继续饲养，老品种的潘帕羊正迅速地从这片土地上消失，只在穷乡僻壤尤其是科尔多瓦省还有少量留存。可能很快它们就会和扁鼻子的潘帕斯奶牛一样从潘帕斯灭绝。

我也曾有过许多机会观察出生1～3天的小鹿，那种潘帕斯常见的野鹿，它们在初生阶段就表现出完美成熟的本能，在反刍动物里很难得。母鹿和小鹿在一起时，如果有骑马人靠近，即便危险如带了狗的猎人，母鹿也总是定在原地纹丝不动，直直注视着不怀好意的来者，小鹿在旁边自然也一动不动。突然间毫无预兆地，小鹿似乎收到了什么信号似的拔腿就跑，以最快的速度逃离，直跑到1km外的坑洞或高草丛里躲藏，平躺下来，脖子伸直，贴地平放，等着母鹿来找自己。如果对方追来了，幼鹿就只好束手就擒，不再挣扎。小鹿逃跑后，母鹿还是雕像般挺立着，好似已下定决心被俘。只有当猎狗到了跟前，它才开始逃，而且永远是朝着与小鹿尽可能相反的方向逃跑。最开始它跑得不快，踉踉跄跄，跑跑停停，好像是在诱敌，和松鸡、野鸭、鸻科鸟被赶离幼鸟时的表现相似。但是随着敌人追近，母鹿的速度提了上来，而且跑得离出发点越远速度就越快。

野鹿的警告音是口哨般的奇特啸声，声音低却能传很远。可每次走近带着幼鹿的母鹿，我从没听到过母鹿发出任何提示声，也不见它有任何举动。虽如此，母鹿一定以某种神秘的方式向小鹿传递了强烈的恐惧感。小鹿的反应则不像其他哺乳动物的幼崽那样向母亲靠拢，相反它从母亲身边逃走。

在我熟悉的鸟类之中，漂亮的水雉似乎生来就已具备了发育成熟的本能和力量。据我某次观察所得，它们在破壳的瞬间就已准备好了积极主动地面对生活。一次我在一个浅浅的咸水湖里发现一个小土丘上的水雉巢，里面有四个蛋，蛋壳已被里头的雏鸟啄过。一两米外还有另一个长满杂草的土丘。我下了马凑近去瞧，老鸟惊慌失措，只知绕着我飞，翅膀疯狂地扑腾，不停地重复着尖利的鸣叫。当我捧着一个鸟蛋细细观察时，突然间这个已有裂缝的蛋壳张开了，雏鸟破壳而出，麻溜地跳出我的掌心，掉进了水里。我很确信的是，这小鸟的破壳是出于自救的强烈意愿与努力，而亲鸟持续不断的尖叫无疑传进了蛋壳触发了它的逃亡。我弯下身想要搭救它，却发现没有必要。雏鸟一落水就伸长脖子露出水面，整个身子浸于水中，如受伤的野鸭一样潜伏，掩人耳目。然后快速游向另一个土丘，出水，钻进草丛里躲藏，一动不动伏在草里，就像一只小䴙䴘科鸟。

前面我已说过长年在拉普拉塔地区严酷的生存环境中磨砺，潘帕羊已恢复了部分野性，祖先那蓬勃的生机与恶境生存的本领在它们的身上重新涌动起来。从欧洲引进潘帕斯的家鸡（或称为克利奥拉鸡）也是如此。而我对于克利奥拉鸡的一些观察也许能部分解答博物学长久以来一个棘手的难题，即为何母鸡下蛋后总要咯咯叫，这向来被看作是一种"百无一用"甚至"百害而无一利"的本能。放养的家鸡可以随意选择下蛋的地方，所以对于它们而言，产蛋后的鸣叫是极为不利的，因为像猪狗等食卵的家伙很快就能弄明白母鸡为何鸣叫，逐渐养成一听到咯咯叫就跑去找鸡蛋吃的习惯。于是问题就是：野生的原鸡[①]也有这种不利己的本能吗？

大约三个世纪前第一批来到拉普拉塔的殖民者从欧洲引进了克利奥拉鸡的先祖。这一品种很可能没有与后来改良过的品种杂交过，如今一些改良品种正快速地取代它们。克利奥拉鸡也比欧洲的家鸡过着更加自由自在的日子。它们瘦小、活跃，一窝能产下将近一打蛋，每个都能孵化，羽毛跟英格兰普通的家鸡差不多，是泛黄的红色。克利奥拉鸡的翅膀强劲有力，且比其他品种更加凶猛，偏爱肉食，贪婪地捕食老鼠、青蛙、小蛇。我在潘帕斯的家里养过好多只克利奥拉鸡，任它们在广阔的农场里随心过活，农场周边是丛生的刺菜蓟和曼陀罗花。它们总是在离屋子很远的地方筑巢，来来去去都格外警惕，想找到它们下的蛋几乎没有可能。如果能躲开狐狸、臭鼬、鼬鼠、负鼠等敌人——事实上它们几乎总能避开敌人，它们就会在离屋子很远、目不可及耳不能闻之处把小鸡仔养大。唯有到了冬天，寒风吹垮鸟巢，要受冻挨饿了，它们才带着小鸡回来。夏天我在农场

[①] 原鸡是家鸡的野生祖先。——译者注

漫步，偶尔会吓一吓带着一窝鸡仔的母鸡，一旦它尖叫慌乱起来，小鸡仔便逃窜开去，消失在四下里，它们像灰山鹑的幼鸟一样藏得好好的，直到危险彻底解除。夏天的时候家鸡过着小团体生活，每一个群里有一只公鸡和他领导的几只母鸡，各有一块觅食地，在此度过每天的大部分时光。母鸡会在距觅食地较远的地方筑巢，有时甚至相隔四五百米。下蛋后它不像其他家禽那样走着离巢，而是飞走的，大约飞出10～40m远，落地后还要一声不吭地走或跑上一段，直到回到觅食地才开口。公鸡听见了母鸡的叫声，便马上打鸣回应它，母鸡循声跑到公鸡身边，就再不咯咯叫了。通常母鸡要咯咯叫上好几回，鸣声比其他品种的鸡低许多。

如果我们假定拉普拉塔平原上长年半独立的生存状态使克利奥拉鸡恢复了祖先野生原鸡的本能，那么我们就能发现产蛋后的打鸣意义重大。在遮天蔽日的原始丛林中是咯咯的叫声帮助下蛋后的母鸡回归鸡群。即使丛林里食卵动物聪慧不凡，能弄清这样短促压抑的鸣声的意义，它们还是没法循着气息找到巢穴所在的地方，因为母鸡是飞着离开巢穴的，没有留下任何可供追踪的痕迹，而且野生的原鸡一定比拉普拉塔的克利奥拉鸡还要飞得更远。所以家鸡下蛋后聒噪的咯咯叫曾是野外生存不可或缺的本能，如今遗传下来却成了一种威胁。

第七章／臭鼬

THE MEPHITIC SKUNK

7

对于第一次来拉普拉塔的外国人，我从不认为需要提醒他们当心中暑，小心美洲虎，或是防范暗杀者的刺刀。但我绝不会忘记警告他们离臭鼬远一点，并尽可能详细地向他们描述臭鼬的习性与长相。只有如此表述，也许我的读者才能隐约体会到臭鼬之臭力无穷（形容词不足以描绘臭鼬的威力）。

我认识一个英国人，第一次骑马过潘帕斯就与臭鼬相逢。他立刻跃下马，扑上去，用整个身子压住臭鼬。这可怜的英国人！他哪里知道这个小家伙才不怕被抓呢。许多人都被臭鼬放出的火辣液体喷了一脸，然后永远失明。有过此等不幸遭遇的人说，这种液体碰到皮肤黏膜，会像硫酸一样给人火烫的灼烧感。那么大自然是怎么保护臭鼬自己免受强力毒液之害的呢？其实我就见过不少瞎眼的臭鼬，有的仍然行动敏捷，可见是瞎眼多年早已习惯了——有的臭鼬失明，很有可能就是因为不慎被自己发射的毒液溅到了。如果近距离接触臭鼬，可用衣服把脸蒙住，受损的便仅止于衣物。与它遭遇时你要害怕的除了毒液，还有恶臭，后者是最让人难受的。你闻过之后，从此会觉得捣碎的大蒜也如薰衣草芬芳。它折磨人的嗅觉神经，像致命的乙醚般充斥于整个嗅觉神经系统，使人恶心作呕，和这种感觉相比晕船都变得轻松美好了。

只听过臭鼬名声、没亲眼见过的朋友可能会觉得我这番话有点言过其实，但与臭鼬有过亲密接触的朋友会认为我的话实在是轻描淡写。请想象有过如下遭遇的人会有怎样的感受。下面讲述的事在潘帕斯很平常。几千米外的邻家举办舞会，这人对此盼望已久，精心打扮后兴冲冲地骑马前往。这是个刮大风的漆黑夜晚，好在茂密的魁蓟中间辟有一条便捷的马道，他快马加鞭跑在马道上。哪知不巧的是，这条道儿给一头臭鼬拦住了，它隐在夜色之中，受某种神秘本能的刺激怎么也不肯让路，直到马儿飞蹄一甩，踢足球一样稳稳当当地把它送进了魁蓟丛里。可尽管马儿的前腿几乎抬得和骑士的膝盖一样高，还是溅到了些许毒液。骑出草丛来到开阔处，骑士爬下马，特意走到离马20m远的地方在身上一通猛嗅，闻遍角角落落后，终于宣告滴臭未沾，这才大大松了口气。舞鞋没有沾染上恶魔的喷雾，一星半点都没有！骑士跳上马鞍直奔目的地，抵达后受到主人热情欢迎的他很快忘了路上的闹心事，与朋友们欢声笑语，好不开心。谁知过了不久，人们开始交头接耳嘀嘀咕咕起来，互相使着眼色。男人们微微笑着，又不知道在笑些什么；女主人脸上阴云密布；女士们纷纷咳嗽，拿出香手帕捂住鼻子，似乎还有点眩晕，大家一个接一个离开了房间。我们的主人公这才注意到不对劲，并很快找出了原因。一股熟悉的恶臭从他面前的地板上腾起，盖住了其他的所有气味，并且越来越郁。鞋底到底还是沾上了一滴臭鼬的毒液啊！他怕被人认出是罪魁祸首，强作镇定挪到门口后逃走了。这下他快马加鞭，踏上归程，心里一清二楚的是要不了多久事情便会败露。谁让他就这么不告而别了呢？

在那本不可全信的《辣椒的自然史》里，莫利纳告诉我们安第斯山脉另一头的人们是如何对付臭鼬的。他说，"碰上臭鼬的话，先让几个人对其轻轻爱抚，然后其中一人看准时机揪住它的尾巴。如此一来，臭鼬会肌肉缩紧而无法放毒，很快就能制服它。"这办法简直无异于让人去爱抚一条眼镜王蛇。可偏偏如此可笑的天方夜谭还有不少人相信，信服者遍布南、北美洲各处。贝尔德教授也在他那本关于哺乳动物的著作里郑重其事地介绍过这个方法。一次我在某个牧场里谈动物，在场一位阿根廷军官说他拜访印第安人营地时曾请教过那些人，如何在捕杀臭鼬的同时免受致命一击。一位庄重的老酋长告诉他，秘诀就是大胆上前，从容拎起臭鼬的尾巴，轻松搞定。因为如果你表现得无所畏惧，酋长说，那么臭鼬也会钦佩你勇气可嘉而放弃抵抗，死得如小绵羊般温顺。军官接着往下说，说他离开营地后恰巧碰上一只臭鼬，喜不自禁，心想这正是检验真理的大好机会。他跳下马，迫不及待地实践了酋长的方法。说到这儿故事戛然而止，我急不可耐地催问后事如何，但这位业余猎手点起一支雪茄，只顾茫然地望着烟雾缓缓升腾。怪只怪印第安人讲笑话从来神情凝重，连个微笑都很少摆出。这个老套的臭鼬笑话从南至北传遍整个美洲大陆，算是印第安人的报复吧。

我射过许多鹰，有次打下来一只卡拉卡拉鹰，羽毛散发着强烈的臭鼬味儿，可见它们也会饥不择食，犯下攻击臭鼬的大错。我的朋友，布宜诺斯艾利斯的欧内斯特·吉布森曾描述过亲眼见到的鹰鼬之战。某天傍晚他骑马回家，看到一只臭鼬以它平常那种古怪的姿势慢腾腾地挪着步，后边不远处跟着一只鹰，显然不怀好意。每当鹰一飞近，臭鼬浓密的尾巴就会竖起来示威；鹰见状便不敢靠得太近，但犹疑一会儿后就又跟了上去。最后，鹰胆子一壮，飞扑向前，爪子牢牢抓住那令人生畏的大尾巴，紧接着风云突变——"鹰的羽毛忽然间炸开，蓬乱不堪，飞行也失去平衡，摇摇晃晃，眼里噙满泪水，脸上愁云惨雾。臭鼬呢，洋洋自得地转过身来，对着受害者露出一副'叫你不听话'的表情，好一会儿后才轻快地跑开了。"

巴塔哥尼亚高原上一个叫莫利诺斯的人告诉我，这里臭鼬遍野。莫利诺斯经验丰富，多次受政府雇佣作为荒野考察的向导。几年前他和另两个人被派去一起寻找一位行踪不明的印第安首领，并与其谈判。在内陆深处，他们遭遇了严冬，马儿饥渴而亡。莫利诺斯带着两人靠臭鼬肉果腹，这才熬过了一年中最苦寒的三个月。冰天雪地里臭鼬是他们赖以生存的唯一野物。在那广袤贫瘠的大地上，臭鼬无处不在，它们日夜出没，肆无忌惮。

狗倒是会奉主人之命猎杀臭鼬，但也绝不以此为乐。一个月夜我出门，走到家狗过夜的地方，那里有12条狗睡在一起。来了一只臭鼬，刻意冲着我走来。它经过的时候，狗一条接一条站了起来，暗中夹紧了尾巴。接到主人杀臭鼬的命令后它们变得极为老到，麻利地把这桩苦差办了，但事后立即口吐着白沫跑开，头埋进湿黏的土里使劲蹭，试图把火辣辣的灼烧感蹭掉。我养的狗里只有一条能对付臭鼬，可偏偏臭鼬这伙抢匪队伍庞大，不断公然来我家附近打劫，弄得这条狗疲于应付。当然其他狗也痛恨臭鼬，只不过这一条最忠诚勇敢。每当我一声令下，它便可怜兮兮地走来，抬头看着我，双眼满是乞求。知道自己不得不执行这可恶的任务后，它便火冒三丈跳上臭鼬的背部，怒气冲天，可怜的臭鼬就这样迎来末日。这狗叼住臭鼬疯狂地甩动，把它的骨头震碎，再狠狠甩出几米远去，然后再冲上去咬住猛甩，如此重复数遍。想必它狂躁的胸腔内也熊熊燃烧着暴君卡利古拉①的诅咒，恨不得全世界的臭鼬共有一条脊梁骨，可以一了百了。

---

① 卡利古拉是罗马帝国第三位皇帝，典型的暴君。——译者注

有次我去布宜诺斯艾利斯南部边界拜访一位养羊的兄弟，在他养的几条狗中发现了一个特别有趣的家伙。这畜牲巨大、笨拙、愚蠢、脾气好。它是那样贪婪，你给块肉吃，它几乎要连带着吞下你半条手臂。它又是那样顺从，只要主人发令，连公牛都敢斗，多大的危险哪怕送命都不在话下。但养羊的兄弟告诉我，碰上臭鼬它便彻底认怂，宁死都不敢碰一下。一天我带它出去遇上了一只臭鼬，我坐在马背上不停地给这胆小的狗随从鼓劲，企图激发它的战斗欲，可我白白折腾了半个小时，它还是无动于衷。仅仅看一眼臭鼬它就吓得瑟瑟发抖。臭鼬是个暴脾气，它挑衅地朝我们走过来，狂怒地跺着小脚，上蹿下跳，唾沫四溅，嘴里发出嘘嘘的声音，尾巴招摇地摆着，仿佛是在头上顶了一面战旗，这套程序是臭鼬使出放毒大招前吓跑敌人常用的招数，放毒的必杀技总是留到迫不得已的关头。见了这架势，狗已由恐惧转为绝望，要不是我拼命拽着，它早就掉转尾巴落荒而逃。但我还是不甘心，残忍地撺掇它，终于似乎见了效。我持续不停地喊叫、鼓劲、拍手，这畜牲似乎被搅得心烦意乱，几近癫狂。它内心矛盾万分，开始缓缓绕着臭鼬转圈，吠叫着、怒吼着，全身毛发都竖了起来。最后它眼一闭，绝望地大叫一声，冲了上去。我满怀期待，等着看臭鼬在几秒之内被撕成碎片。可还没等它跑近，还隔着四五米时，臭鼬致命的剧毒喷射出来，狗像中枪般迅速倒地。大狗在地上一动不动躺了许久，身上沾着毒液，胜利的臭鼬得意地在一旁冷眼相看。后来大狗终于站了起来，呜呜叫唤着慢慢跑了，渐渐越跑越快，绝尘而去。我跟在后面喊破了嗓子它也不回头，很快跑出了视线，变成广阔大平原上的一个小白点。第二天中午它才回来，干瘪枯瘦，浑身沾满脏兮兮的泥巴，走起来摇摇晃晃像是一具镀锌的骨架。它累得东西也吃不下，挺尸般躺了几个钟头，好把那几滴威猛的"香水"睡掉。

狗和人一样，各有各的怪癖。我又一次证明了我的观点——如果说有必要证明的话，培根所写关于人类忠诚奴仆与伙伴的赞歌真是字字不虚啊！

第八章 / 蝗虫的拟态与警戒色

MIMICRY AND WARNING COLOURS IN GRASSHOPPERS

8

拉普拉塔有一种硕大而俊俏的蝗虫，在幼虫期与成虫期习性截然不同。与鳞翅目的一些昆虫一样，它们幼虫时过群居生活，集体行动。成虫后披上绿色的保护色，大腿有棕绿相间的条纹，亮红色的后翅只在飞行时露出来。成虫独来独往，性胆怯，总躲藏在地表浓密的叶丛中。幼虫全身乌黑，像黑玉或是乌木雕刻而成，喜群居，四五十只甚至三四百只聚居在一起。幼虫没有戒心，常常同胞被抓走了一大把，它们才开始惊慌四散。群居的习性以及通身黑色——自然界中最触目的颜色——足以使它们成为最显眼的昆虫，它们还有其他习性，似乎是专为招人耳目而设计的。它们每时每刻都彼此相依，身体互相紧贴着，行动起来如此缓慢，速度最慢的蜗牛也能轻易赶超它们，很快消失在它们有限的视线之外。

它们喜欢挑一棵毫无遮蔽的野草进食，偏偏还成群结队爬到草的顶部，一片翠绿之中的乌黑色，让周边的每一只眼睛都看得一清二楚。还总换地方觅食，转移阵地的时候故意横跨宽阔的大马路，或是其他寸草不生的显豁空间，以极慢的速度行进，几乎看不出它们在移动，远远看去就像地上铺了块黑色的天鹅绒布。这般无所不用其极地暴露自己，热情邀请敌人攻击，然而我却从没见过什么鸟儿来吃它们。我曾经好几天相隔一定距离观察过我家周边这些"黑社会"。它们所在之处上方的大树正是莺鸟、霸鹟、圭拉鹃，及其他蝗虫捕手的栖息地，而几乎所有的鸟儿，不论是吃种子还是吃虫子的鸟，谁都愿尝一口蝗虫幼虫的鲜。因此一般的蝗虫幼虫极易受惊，行动敏捷且不惹眼。显然拉普拉塔的这种蝗虫幼虫并没有模仿其他强大的黑色昆虫，那么它之所以能安全度日归功于通体的黑色，以及大胆自我暴露的习性。黑色在有自保能力的大型昆虫中很普遍，如味道差劲的切叶蚁、蝎子、捕鸟蛛、黄蜂，以及其他许多危险的昆虫，因而是一种"警戒色"，而且是自然界最出名的警戒色。此外，这种蝗虫幼虫还进一步模仿了强大物种与有毒物种那无所畏惧的态度，这正是被鸟类与其他食虫类知道且敬重的。也许是它们本身就口味不佳，但这假设成立的可能性很小。因为一旦欺骗性的黑衣褪去，它们就换上了保护色，变得极为胆怯，四处寻求遮挡，这一切都说明它们在鸟儿中是抢手货。

虽然这个例子与我所读过的关于"拟态"的报道在某些方面很不同，但将其定性为拟态仍是证据确凿的。同时不得不指出，拟态作为描述动物行为的有效术语，似乎正渐渐丢失其用于动物学的原本意义。两个物种之间发现的某种偶然相似性，近来都被认定为拟态，而其中很多例子里所谓的模仿者并没有因为相似而得到任何好处。如果某种弱小动物的外在与一个截然不同的强大物种相似，或者形似某种物体如叶子或树枝，那么这种相似性无疑有利于它的生存，且会影响并改造它的生活习性。于是这样天生的结构或颜色上的微小变异就触发了自然选择机制，真正的"拟态"启动，一系列朝着同一方向的变异在漫长的时间里不断累积，演化得越来越完美，模拟得越来越相似。

树枝虫也许称得上是模拟无生命物的完美典范，可以说是大自然的亲手安排；寄生在熊蜂巢里的蜂蚜蝇长相酷似熊蜂，凭借欺骗性的外表才能安全无虞地打入熊蜂巢内部，一个物种为了生存长成另一个物种的样子，蜂蚜蝇是我们最熟悉的例子。这两个例子以及其他相同性质的例子，最早由柯比和斯彭斯在他们那本招人喜爱的著作《昆虫学导论》①中定义为"拟态"。有趣的是，如今有那么多关于昆虫的论著，这本关于昆虫的普通读物仍然是英语世界里唯一一本非昆虫学家也读得津津有味的书。

第二个拟态的例子至今还没有博物学家注意到，在拉普拉塔另一种常见的蝗虫（Rhomalea speciosa of Thunberg）身上可以看到。它外形极优雅，头与胸是巧克力色，带有奶油色斑纹；腹部为钢蓝色或者紫色，这种颜色我从没在这科的其他昆虫身上见过。前翅是保护色，后翅是亮红色。栖停不飞的时候，红色调与紫色调隐藏起来，就只是普普通通一只好看的蝗虫。但当它张开翅膀，就变得酷似常见的佩柏瑞斯黄蜂。佩柏瑞斯黄蜂个体之间体型差异很大，个头大的有大黄蜂那么大。它们并不集群而居，进食花蜜、水果，与其他黄蜂一样配备毒刺——刺的毒性较其他种类低，受到刺激还会释放恶臭气体，因此构成双重防护。从那温

---

①《昆虫学导论》是英国昆虫学家威廉·柯比和威廉·斯彭斯的著作。威廉·柯比被认为是昆虫学之父。——译者注

顺的态度、缓慢的飞行与懒洋洋的动作可知，这种臭黄蜂很少受到攻击。佩柏瑞斯黄蜂也长着钢蓝色或紫色的身体，亮红色的翅膀。拉普拉塔这种蝗虫飞起来几乎与佩柏瑞斯黄蜂一模一样，好几次都骗过了我的眼睛。就算明明见过它停在叶子上的样子，等它再次飞行后，那飞行的样子又使我觉得分明是佩柏瑞斯黄蜂，还得再确认一遍。与黄蜂的形似影响并改造了它的习性，真是神奇。它是出色的飞行者，飞行姿态轻灵，远甚于我所熟悉的其他同科昆虫，树栖而不像其他蝗虫一样在地表或近地面生活。布宜诺斯艾利斯周边的果园与农场里随处可见它们的踪影，整个夏天它们悠长舒缓如清风般的鸣声不绝于耳。如果古时与雅典人相伴的正是这魅力无穷的生灵，那么便不难理解他们为何百般钟情于蝗虫了。我的朋友每次兴之所至，会洋洋自诩为"南美雅典人"，要是他们也如雅典人一样，真心喜爱自家花园果林里浅吟低唱的美丽歌者——而不是喜欢把它们穿到针上——该多好！

把这种蝗虫捉在手中，它就表现出蝗虫惯有的习性，从口里吐出黑色的液体，只是排出的液体量很大，远多于其他种类的蝗虫。它还有另一奇特的自卫方式，在被抓住的瞬间会马上卷曲身体，就和黄蜂蜇叮前的准备动作一样。这突如其来的动作好几次吓得我赶紧把手里的虫子扔掉，以为自己抓到的是黄蜂。鸟儿是不是也因此受骗就很难说了，但这个奇招无疑也是它们模仿黄蜂的努力之一，一系列的改变都是为了与黄蜂更接近，取得更好的拟态效果。

第九章／蜻蜓风暴

DRAGON-FLY STORMS

9

潘帕斯平原与巴塔哥尼亚高原都分布着一些较大体型的蜻蜓，这些大蜻蜓有一奇特习性，是我观察动物以来最为奇异的现象之一。在当地，哪儿有水哪儿就绝少不了蜻蜓。蜻蜓种类也有数个，色彩都较鲜丽。那些因习性怪异而引发我好奇心的蜻蜓，个头比此地最常见的普通蜻蜓要大上一倍，身长7～10cm不等，而且大都是冷色调，体型最大的那个品种是亮红色，这种亮红色蜻蜓特别罕见。当各种大蜻蜓一起飞行，成千上万只的蜻蜓大部队里偶尔掺进一只亮色的，就特别夺人眼球，仿佛纯绿的草地里冒出了一朵鲜红的罂粟花或天竺葵。几种大蜻蜓中数量最多的那种（Aeschna bonariensis Raml），成员大多都是淡蓝色，有时甚至整个蜻蜓飞行队伍全由它们组成。这几种大蜻蜓最神奇的共性是，它们只在西南风起来的时候才现身。这儿的西南风有个专名叫帕姆佩罗风①，是从潘帕斯内陆吹来的干冷风，强劲地扫过广阔平原，通常持续时间很短，甚至长不过十分钟。帕姆佩罗风起风不规律，全年都有，炎热时节更为频繁，尤其好发于湿热难耐的天气后。夏秋是大蜻蜓出没的时节，它们并不与风同来，而在起风前出现，这是最令人不解的部分。暑旱漫漫，千里之内沼泽与水道尽皆干涸，在旱情严重的夏秋季节原本难觅踪影的大蜻蜓却频频出现，可见它们必然飞越了长远的距离，以每小时100km甚至更快的速度赶在西南风前面。有时它们几乎与西南风同时抵达，闪电般飞过，霎时消失在视线外。你还没看清它们，狂风便刮来了。一般情况下它们总比西南风提前5～15分钟。大蜻蜓成群结队而来，距地面三四米的空中顿时一片密密麻麻，形成一片朝东北方向高速移动的密云。在闷热天见不到流动的山一般的巨云，看不到尘沙飞舞，人们不知道西南风什么时候来。这时如果飞来大蜻蜓飞行队，人们必定欢欣鼓舞，因为它们精准预示着强冷风的到来。于是在高乔人富有表现力的语言里，大蜻蜓就被称作"西南风之子"。

我们现有关于动物迁移的假说都无法用于解释这些大蜻蜓频繁的长距离飞行。对于鸟类的年度迁徙，蝴蝶的非周期性迁徙，以及部分哺乳动物的迁徙（北

---

① 帕姆佩罗风是南美大草原上强劲寒冷的南风或西南风。——译者注

极地区的驯鹿与北美野牛"出于对极点的感知"会在特定季节朝南北两个方向作长途旅行），我们提出了动物具有感知力与所谓"历史记忆"的假设，但这些假设都难以解释潘帕斯的"蜻蜓风暴"。我们不妨把这一现象称作"蜻蜓风暴"，因为大蜻蜓并不是在繁殖地与栖息地之间作往返运动，而是一路向东北飞行。在帕姆佩罗风到来以前，数以百万计的大蜻蜓像蓟花的冠毛般飞走，没有一只会再返回去。

  大蜻蜓的飞行也许是受到了神力感召，突来的恐慌促使它们在暴风雨来临前出逃。奇妙的是它们应当在暴风追上来前飞走，但偏偏又选择和西南风朝同一个方向前进。当它们飞越不生树木的平原，谁也不会被暴风赶超。但如果飞到林间或路过一个大农场，它们便涌进去，好像是找到了掩体来躲避穷追而来的敌人，有时它们会紧紧依附在树上，直到风力耗竭。特别当风在晚间刮起时就更是如此，隔天早上可以看到树叶间蜻蜓丛生，大树被蜻蜓密密覆盖，有的大树看上去仿佛挂上了一层发亮的棕色外衣，厚实得连绿叶都看不见了。

  巴塔哥尼亚地区蜻蜓风暴也时有发生。有个住在内格罗河边的英国人就给我讲过他的经历。那天在埃尔卡门镇附近一块开阔的高地上正举行赛马大会，黄昏前片刻忽然刮起猛烈的西南风，云层厚密，尘土飞扬。暴风雨降临在即，这时飞来了蜻蜓大部队，厚云般遮天蔽日。当时场上聚集了近100人，多数人骑在马背上。这群蜻蜓竟不像往常那样匆匆飞过，而以人、马为着陆点，登陆时人与马浑身上下都附着了密密麻麻、层层叠叠的蜻蜓。这位朋友说蜻蜓的死亡恐惧使他大感震惊，它们为了保命死死贴在他身上，任凭他怎么用力甩都甩不掉，这恰好与我之前的观察相符。

  韦森伯恩在伦敦的《博物志杂志》上描述过他1839年在德国亲眼所见的一次蜻蜓大迁移，也提及了1816年波及欧洲大部分地区的同类现象。这两次蜻蜓迁移都发生于五月末，且都以正南为移动方向，因此与鸟类和蝴蝶的迁徙颇为相似，或许就是相同原因。与潘帕斯蜻蜓风暴相似的现象我却从没见人提过，更奇怪的是，曾到此地游历的欧洲博物学家对此也全无记录。

第十章 蚊蚋与寄生

MOSQUITOES AND PARASITE PROBLEMS

10

众所周知，有些动物一生下来就能分清敌友，或者对仇敌多少都有点基本认知。不少博物学家认为这是动物界的普遍现象，对此我持保留意见。觉察敌人的本能，我熟悉的最奇特的例子当属蚊蚋以及南美一种小虫白蛉。当这些小虫子漫天飞舞，嬉耍玩乐之时，如果飞来一只蜻蜓，由此引发的恐慌恐怕就像是纵情欢宴的人群里突然冒出一个阴森鬼魂，甚至有过之而无不及。上一章讲到拉普拉塔地区的蜻蜓风暴时顺带提到，当地的人们在闷热的夏天如何对蜻蜓军团翘首以盼，因为它们预告着一阵清凉爽利的好风。其实蜻蜓风暴如此受欢迎的原因还不止于此，每当高贵的蜻蜓来到，草原上恼人、叮人的蚊蝇便会烟消云散。

我在上一章提到，大蜻蜓飞经之处如果有树林，它们便会在树间停留，寻求庇护。等西南风与暴风雨过去，这些外来客，也许可以说流浪汉，还会多逗留几日，在附近觅食。奇怪的是，我发现它们竟一改本性，并不急着飞去溪流水塘边——蜻蜓家族大本营。也许是新来乍到陌生地方，也许是一路狂飞惊魂未定，似乎暂时搅乱了它们的本能，总之这些蜻蜓并不像勃朗宁夫人诗里所写，"回河边悠悠做一个梦"，却流浪汉一般在农场与周边的平原游荡。这时候你便察觉到，往日肆虐的蚊蚋与白蛉似乎一夜间踪迹全无。倒不是让蜻蜓吃了个精光，被吃掉的只是极少数，它们是偷偷躲了起来，潜伏着，静候蜻蜓撤军。或者在等燕子、霸鹟以及食虫虻（食虫虻又称盗虻或昆虫死神，用再恶毒的名字来命名这一科昆虫都不过分）帮助它们剿灭蜻蜓军。在这样没有蚊蝇烦扰的平静日子里，如果跨进幽昧昏暗的灌木丛或是草丛里，倏忽便能听到那熟悉的尖尖细细的虫声，仿佛"仙境的号角轻轻地吹起[①]"。很快就从地面、叶子下窜出来一群群饥肠辘辘的饿鬼，几百只叮到人身上来，大开吃戒。

如果闷热无风的夏天在潘帕斯草原上骑马，总有一大团挥之不去的蚊子或白蛉旋绕在头部，一路相随，搅得人不堪其扰。每次我都虔诚祈祷能有一只蜻蜓救兵飞来增援，几乎总能得偿所愿，蜻蜓似乎可以遥遥感知猎物所在，径直朝目标

---

① 此句引自英国维多利亚时代著名诗人阿尔弗雷德·丁尼生（1809—1892）的诗歌《绚烂的光辉》。——译者注

飞来。瞬间奇迹一般，恼人的蚊子雨虫子云从头边散得一干二净，从此一片清净。蚊蚋反应之迅速总让我惊讶不已，因为在其他的事情上它们可一点儿不聪明，就连大多数普通昆虫那少得可怜的小剂量脑力蚊蚋都没有。蜻蜓到来前，我已经又拍又赶折腾它们好一阵儿了，少说也致伤致死了好几百只小虫——即便最厉害的蜻蜓一天下来也吃不了那么多。可任我手臂挥得酸痛，力气用尽，小飞虫还是无动于衷，慷慨赴死，半点害怕的意思都没有。几百年来多少蚊子丧命于人的手、兽的尾，可它们就是没能吸取教训。蚊蚋脑中对于手和尾巴是没有认知的，人兽这样的庞然大物对它们而言只是一个空间，一块牧场，可安心无忧地吃住，无所顾忌地叫嚣，嗡嗡嗡大声宣扬自己的勇猛无畏。而蜻蜓是古老的生物，远在泥盆纪①就已存在，从那时起就开始捕食吸血的昆虫，也就是今天蚊科的祖先。既然与蜻蜓的敌对关系始于远古，这愚蠢的蚊蚋小虫有足够漫长的时间累积经验，倒也不能说它们毫无长进。

　　蚊虫因为嗜血而逐步发展了相应的本能，演化出精巧的吸血工具，但在我看来却纯属白费力气，恐怕在自然界里没有哪种浪费能与蚊虫的浪费比肩。有些风媒植物到了繁殖季会散播巨量花粉，甚至几百平方千米的地面水面全罩上一层黄色的粉，真是令人瞠目结舌的自然伟力。如此大手笔的耗费是繁衍所必须的，唯有在这样浩大的花粉雨里浸润几天几夜，才能保证足够数量的花授粉，也就是说，几百万的花粉中才有一小粒能中标。蚊虫则不同，嗜血的热望得不到满足也无碍它们繁衍后代。鲜血把蚊子瘪得像根细灰线似的肚子鼓胀成一颗红彤彤的胖珊瑚珠，这当然意味着无上的享乐，却并非它们生存的必要条件。吸血于蚊虫如同中了生命彩票的头奖，能有多少幸运儿抽中呢？炎热的夏季如果在低洼的湿地骑行，蚊子飞虫云遮雾绕地将你死死纠缠，强迫你深刻地体会到这种巨大的浪费。因为在低洼处与沼泽地，基本没有或鲜有哺乳动物可以供它们一尝血液之鲜甜。在欧洲，这种浪费的程度轻一些，在那里，如雷奥米尔所说，每100只蚊子里

---

① 泥盆纪是古生代的第四个纪，约开始于4.05亿年前，结束于3.5亿年前，持续约5000万年。这一纪出现了昆虫，鱼类空前发展，故又有"鱼类时代"之称。——译者注

能有一只吸到血。可在南美洲许多地区，也许100万只蚊子里才有一个幸运儿。

柯蒂斯发现只有雌蚊子咬人吸血，雄性则缺少吸血的舌头或颌骨。那雄蚊子以何为食呢？柯蒂斯猜测雄蚊子进食花的汁液，可它要是去过热带的沼泽地，便会发现那些地区虽鲜有开花植物，牛毛小虫却密如海滩上的沙粒，那么恐怕柯蒂斯就会改口说雄蚊子吃的是腐烂的蔬菜与湿烂的泥巴。不过更要紧的问题是，雌蚊子靠什么维系生存呢？我们知道它垂涎哺乳动物热腾腾的鲜血，贪婪地渴求着，还拥有吸血专用的精巧器官——但不幸的是，它一辈子也不一定用得上一次，只有幸运的极少数才能一饱口福。千千万万的大多数雌蚊子则命中注定无血可吸，不得不斋戒一生。

柯蒂斯关于雄蚊子的看法，得到了韦斯特伍德与其他著名昆虫学家的认同。最初仅仅是柯蒂斯的一个猜想，但后来却在许多重要著作中以既成事实的面貌出现。因此我想知道柯蒂斯是否就此进行过严格的观察与实验，假如没有的话就太奇怪了。范·贝内登在他那本关于寄生虫的书中把雌蚊子定义为"可恨的可怜虫"，又说，"如果吸不到血，它们就和雄蚊子一样以花汁为生。"即便果真如此，花汁并不能使雌蚊子感到满足。就像坦纳医生[①]禁食的40天里虽不时喝上几口水，终究还是饿红了眼，雌蚊子也绝不真能满足于清心寡欲的素食。但我下意识里总觉得其实它们并不吸食花汁，而是干脆什么都没吃。这个想法似乎太过天马行空。我们知道蜉蝣在成虫后便不再进食，因为这种短命生物口器发育不全，或者也许是萎缩退化了。可我们也知道蜉蝣是极其古老的生物，也许从某一时期开始地球上不再供应它们所需的营养，因而它们的演化历史上有过漫长的饥荒，最终熬了下来而没有灭绝。在这个过程中它们抑制进食本能，逐渐演化得不需进食，嘴部退化变形，寿命也不断缩短，成了朝生暮死的短命虫。

无论吃素或是绝食，蚊子过得多么不痛快啊！它们在大自然中的处境多么奇特。让我们设想一下，假如地球环境巨变，鸟类中的猛禽落入了无猎物可捕的境

---

① 坦纳（1831—1918）是一位提倡禁食的内科医生，1880年在纽约曼哈顿举行过长达40天的禁食，引起巨大反响。——译者注

地，为适应环境而逐渐调整了身体机能，通过呼吸空气维持生存，也许偶尔也吃一片绿叶吸两口水充饥。虽如此，它们对于肉食的渴望仍然强烈，捕猎的本能与力量未减分毫，这样的假想基本可以类比蚊子成虫的真实生存情况。如果每年大概只有五十只或上百只猛禽猎有所获，得以饱餐一顿，那么这些幸运儿的数量与全球食肉鸟总数的比例就差不多相当于吸上血的蚊子与它们没福气同伴的比例。以鹰科为例，极个别鹰的一两顿饱餐对于整个科或整个鸟纲来说毫无意义；因此我们也绝不认为，个别蚊子吸到的一两口血足以壮大整个蚊族。神奇之处在于，蚊子这套吸血机制即使长期搁置，也依然状态奇佳，可以随时启用。

蚊子吸血的口器精妙而实用，之所以能演化得如此完美，想必是由相应的生存环境促成的，而且当时的环境一定与它现今的生存环境大相径庭。蚊子的生存史上必定有过一个时期营养充分，那时哺乳动物的鲜血之于蚊子就如花蜜之于蜜蜂、昆虫之于蜻蜓一样是生存所必需的。

这也同样适用于说明其他吸血昆虫的情况，特别是肆虐于中南美洲的蜱虫。蜱虫是一种退化了的蜘蛛，它全身的生理构造都服务于寄生生活。没找到宿主的时候，没有眼睛的它们终日在树上可怜无助地等待，而一旦有幸挂上宿主的身体就开始急速生长。阳光充足的高地上，蜱虫多得就如炎热潮湿地方的蚊虫，伯顿上尉写道："真是烦不胜烦，它们似乎无处不在，每一片叶子上都有蜱虫的殖民地，几百只团团簇簇勾在树枝上，灌木丛里更是无穷无尽。吃叶子为生的时候蜱虫扁扁瘦瘦，攀附上过路的人兽后便疯狂膨胀，好吃好喝一个礼拜后从宿主身上掉下来，出落得丰满壮硕。"据贝尔特说，在树上的时候，蜱虫总是本能地占据叶子端头或芽尖上，后肢向外伸出，每只脚上还配有一对钩子或者说爪子，不管什么动物路过，一旦发生接触这对爪子便攀了上去。如在野外风餐露宿（这恐怕是大多数蜱虫一辈子无法超脱的悲惨命运），它们最长不到1cm。但与宿主绑定后，它的腹部迅速鼓胀如圆球，能圆成一颗中等大小的榛子。蜱虫颜色为银灰或白，因此膨胀后在任何表面都极为显眼。我常常看到毛发顺滑的黑狗，身上挂满了白色的蜱虫，就像开满白花、长满蘑菇的花园。这白球外壳粗糙坚硬，什么也伤不了它。遭了殃的可怜畜牲又是抓挠又是啃咬，但蜱虫那八对钩子和三角形的牙齿早已牢牢扣紧狗的皮肉，怎么都甩不掉了。

蜱虫生活的地区往往多鸟类与昆虫，少有哺乳动物。所以就鲜血的供给而言，它们与蚊虫一样处于凄惨的境地，不得不委曲求全，长期营养不良地生存着。它们是大自然的弃儿，生为嗜血的寄生类，却迷失于贫瘠的无血荒原。每一只沼泽的蚊子，终身被饥饿感吞噬，在饥饿里沉沦，无望地唱着歌；每一只林间的蜱虫，什么也看不见，空伸着多爪钩，一辈子守株待兽。这似乎提示我们，远古曾有过莽兽横行的时代，巨大的哺乳动物与爬行动物是寄生生物广阔无边的丰饶牧场。

贝尔特的《尼加拉瓜的博物学家》中有一段写道，人类之所以在进化中褪去长毛，可能是热带地区自然选择的结果，因为热带地区的寄生生物是个大麻烦。此话有没有道理，也许亲自去新大陆，到蜱虫肆虐的荒野体验一番便知道了。可以确定，在巴西这样一个国家，如果全身布满毛发的话日子绝不会好过，因为体毛既是蜱虫的掩护又是它的登陆点。当地的蛮人就很嫌弃体毛，甚至脸上的毛也都拔得一干二净，这似乎是一个流传下来的古老习惯。如果原始人就有拔毛习惯，大自然不过是顺水推舟为人类养出了无毛的后代。

南美哺乳动物数量少，且温暖地区的大型动物几乎都带些水栖的习性，这是否也与蜱虫的迫害有关呢？大型动物若要摆脱蜱虫骚扰，唯一的办法就是去水里趟一趟，在泥里滚一滚。这也许就是美洲虎、鬃狼、鹿、貘、水豚、貒等本土动物多多少少都亲水的原因。南美最多的猴子却是一个显著的例外，它们不下水，但它们习惯为彼此打理毛皮，大把的时间都用来抓掉寄生虫。

可鸟类又是如何解决蜱虫烦恼的呢？要知道蜱虫吸血并没有严格的筛选标准，有血便是娘，从人到蛇来者不拒。关于鸟类的应对方式，我的观察更多集中于拉普拉塔地区泛滥的小虫红恙螨，在此地又被称为科罗拉多虫，体型大小与习性与英国的秋恙螨接近。虽然此虫颜色鲜红显眼，奈何体型过分迷你，得凑得很近才能被肉眼识别。它们异常活跃，夏季所有阴暗之处都是它们的天下，人若是不小心被它叮到就惨了。比起体型较大、行动缓慢的蜱虫，红恙螨对于鸟类而言是更危险的存在。鸟翅下面是红恙螨的作案场所，这里羽毛稀松，皮肤暴露多，方便它们下手。家禽更容易遭红恙螨欺负，特别是幼禽，放它们去阴暗处走走，就会因虫咬发炎而死。野鸟似乎没有这个烦恼，我检查过的大多数野鸟身上完全没有寄生虫。大概野鸟比家禽更加敏感，能灵敏感觉到身上的点滴异样，寄生虫还没来得及附着就被鸟喙啄掉了。野鸟还有别的办法，就是根本不让寄生昆虫近身。有一天我带着一只宠物棕灶鸟外出，自己站在树下，放它四处走动。我发现它每隔一会儿就剔剔脚趾和腿部，好像上头有什么东西，但我明明什么都没看到。最后直到我凑到它脚边几厘米处才发现，在它落脚的干树枝上爬满了红恙螨，像觅食的蚂蚁一样到处爬蹿着。只要到了鸟爪旁边，它滋溜一下就顺着爬上去了。就我所见，每次一有小虫爬上去，棕灶鸟就马上能感觉到，鸟嘴一伸就把它啄掉了。没想到棕灶鸟布满角质层的脚趾与腿部竟敏感至此，要知道红恙螨体微身轻，甚至几十只一起爬在人手上都很难被感觉到。也许大多数野鸟都是这样解决寄生虫烦恼的。

　　自然界的有些昆虫明明具有寄生的本能与本领，也发育了完美匹配寄生模式的器官，却不得不过着独立、自足的生活，吸食植物汁液过活，甚至像蜉蝣一样饥饿终身，这多么违反常理啊。我对于鸟虱蝇——一种鸟类寄生虫——的观察也与这个问题有些关系。必须说明我从来没有断言这类"偶然性寄生虫（有人如此命名它们，并没什么解释力）"不以植物汁液为食。我只知道一旦有更好的选择——淌着热血的动物，这些叮人小虫会立刻欢欣鼓舞地弃叶子而去，可见它们吸血的冲动何等强烈，本能是何等根深蒂固。所以它们独立生活必是有来由的，也许我下面将提到的鸟虱蝇的习性可以解释某些吸血小虫及其他寄生昆虫是如何过上独立生活的。

　　柯比和斯彭斯在《昆虫学导论》中提过曾观察到一两种鸟虱蝇围在人身边飞，甚至落到人身上来，曾有一只吸血的鸟虱蝇被抓住，经确定是鸟虱蝇无疑。于是两位作者认为，当它们的宿主鸟死亡后，鸟虱蝇会寻找新的宿主。它们在不同的动物身上飞来飞去，偶尔还尝尝血的味道，直到找对地方——也就是说，找到一只鸟，或是特定的某种鸟，在鸟羽间永久驻扎下来。但在我的猜想中，这种昆虫过着远超两位作者想象的独立生活，而且它们的宿主选择范围也很广。

　　拉普拉塔地区有种常见的小鸟——集木雀，备受鸟虱蝇困扰。那是种特别好看的鸟虱蝇，颜色浅淡，身上有优雅的绿条纹，大小是普通家蝇的一半。对于集木雀这样娇小的鸟儿来说，这寄生虫的个头真是太大了。但这不速之客却又那么机敏，灵活地游蹿在鸟羽间，集木雀怎么都赶不走它。集木雀全年都与配偶同住，发育成熟的后代往往也与亲鸟同住一窝。鸟窝巨大，使用了大量建筑材料，它们也正是以此得名。晴朗无风的暖和天气，鸟儿离巢后，常能看到鸟虱蝇少则六七只、多则十四五只在鸟巢上方盘旋，飞来绕去地嬉戏着，就像夏天屋子里乱飞的家蝇。可只要鸟儿觅食归来，飞在空中的虫子瞬间就落进巢里的边角缝隙藏好，一下子了无踪迹。多么奇妙啊！鸟虱蝇倒把供它们吃住的鸟儿当作唯一的死敌，像蚊子防范蜻蜓、家蝇惧怕黄蜂那样天生知道要提防集木雀。集木雀一出现它们就顷刻烟云般消散，只敢偷偷摸摸从暗处接近宿主。

　　一旦形成寄生习性，物种不可避免会经历某种程度的退化，感官钝化，能力会被削弱，尤其是视力与运动能力。但鸟虱蝇却是反例，似乎寄生生活使它各方面机能不退反进。集木雀机敏，眼力尖锐，行动迅速，在对手的刺激下，鸟虱蝇变得愈加灵敏，甚至连非寄生的昆虫都不如它机灵。大个头的鸟虱蝇寄生在娇小的集木雀身上，比例上相当于在人身上寄生了一只松鼠。想象一只会飞的、身体扁平的吸血松鼠躲藏在衣服里，在人全身上下飞快地游来走去，变着法儿又是躲又是逃，凭他怎么用尽力气也抓不到、打不着。也许我们不妨猜想集木雀就像某些养宠物的蚂蚁一样，把鸟虱蝇当宠物对待。一来这小虫子真是养眼，身上有绿色条纹，翅膀透着彩虹般的光泽；二来有理论家认为鸟类是具有审美品位的动物。不过养只吸血鬼当宠物代价未免也太大了，该多么受折磨呀，所以我以为这样的"慈悲为怀"是违背自然规律的。再者我几次看到集木雀近乎癫狂地大战鸟虱蝇，因为这只小虫粗心大意在错误的时机从鸟巢里飞了出来。看来鸟虫双方都相当知己知彼啊。

　　鸟虱蝇作为一种有特定宿主的寄生程度较高的生物，原始官能却没有退化，仍旧热爱自由，喜欢结伴玩耍，在暂时找不到宿主的间隙中也能照顾好自己。如果鸟巢被风吹垮、鸟被杀或者经常性地转移阵地，鸟虱蝇便无可依归，可就算吸不到鸟血也有办法在短时间内维生。设想一下，有一批流离失所的鸟虱蝇始终找不到合适的宿主，于是微调了习惯与身体技能以利生存，使成虫在得不到鸟血营养的情况下仍能熬到产卵阶段，延续后代。如此代代演进，后代鸟虱蝇越来越能应付没有宿主的生活，以致最终可以达成自立，变得像蚊蚋那样拥有强大的繁殖力，在没有宿主的林间嬉戏，成群成片飞舞着如一团团密云。不过它们对于血的原始渴望还将始终热烈，吸血的能量强大如初，随时准备着回归祖上的传统。可以说，这是对鸟虱蝇进化方向的合理推测。虽然目前还没有发现鸟虱蝇这类小虫彻底告别寄生状态的例子，但与如上推想类似的情形，可能正是某些脱离寄生生活的昆虫所经历的。比起鸟虱蝇，蜱虫的寄生程度更高，各方面能力退化严重。但就连蜱虫也能过不依靠宿主的生活，这更加证明即使最堕落不堪的寄生虫也有可能适应新环境而重新开始，向着更高级的生命形式晋级。

　　跳蚤与哺乳动物的寄主宿主关系甚至还不如鸟虱蝇与鸟的关系紧密。跳蚤无处不在，每块大陆上都有它们的踪影。所有哺乳动物都是它们的寄生对象，大到兽王小到老鼠都是跳蚤受害者。跳蚤种类繁多，适应性极强，并且家族历史悠远。荒野外也常见到它们跳来跳去，荒野的跳蚤不大可能是人兽带去的。有人认为这些自力更生的跳蚤一定也像蚊蚋与蜱虫一样靠植物汁液为生。确实，因吸不到血而营养不良的跳蚤也能生存一两年，也无碍于繁衍后代。一年或更久没人住的房子里有时能看到跳蚤成灾，里头并没有植物及其汁液供应，跳蚤也许是吃着尘土过活的。我倒是没在无人居住之地见过跳蚤，不过我曾经在巴塔哥尼亚，在一个因敌人入侵而荒弃将近二年的印第安人小村庄发现了跳蚤。一走进那些印第安茅草屋，就看到地面上密密麻麻层层叠叠的跳蚤，一点儿不夸张。不到十秒钟，我的两条腿从脚到膝盖全爬满跳蚤，几乎变成了黑色。这也证明即便一段时间不吸血跳蚤也能大量繁殖。不过我很怀疑这样的生存与繁衍是否能无限延续下去。也许跳蚤的寄生程度正是介乎严格的寄生生物与相对独立的寄生生物之间。严格的寄生生物无法离开宿主身体独立生存，而相对独立的寄生生物如蚊蚋与蜱虫可以不依靠宿主而自谋营生，当机会来临它们才转为寄生状态。

昆虫学家认为跳蚤是退化的蝇科昆虫。当然比起鸟虱蝇来，跳蚤低级多了。鸟虱蝇有着出色的本能，灵敏的动作，飞行能力好，还有社会性的群体娱乐行为。可怜的跳蚤呢，翅膀退化得没了一丝痕迹。虽堕落至此，跳蚤还是有一些出色特质的，比如强大的跳跃能力。况且相比人类身上的其他寄生虫，跳蚤简直算得上高贵了。达尔文曾感叹蚂蚁的大脑如此迷你，并猜想它们有着高超的智慧。我对此很怀疑，蚂蚁这种不懂变通的生物怎么可能比跳蚤聪明？跳蚤还极易驯养，假如人们家里都养跳蚤做宠物，想必会流传出许多关于它们智慧与忠诚的故事，不会比我们那被"过誉"了的朋友——家狗来得少。

跳蚤本来个头挺大，很可能比鸟虱蝇还大，但它的体型一路走下坡路。虽然体型不断缩小，但还不至于缩成像恙螨那样的一个小点点。而且通过不断调整身体器官与本能，跳蚤的行动变得轻盈如羽毛一般。而蜱虫本就没有翅膀，它的变化朝着另一个方向，即体型由于寄生而增大。它独立过活的时候扁扁小小，依附宿主后便迅速膨胀，也证明了这一点。再者，蜱虫圆球般的肚皮强韧有弹性，也许就和橡胶球一样没有知觉，极不敏感。蜱虫以爪牙牢牢扎进宿主的皮肤，想要除掉它只会加剧痛苦，清楚这一点的动物绝不敢轻举妄动，所以蜱虫较大的体型和显眼的颜色对它而言是优势。跳蚤不同，既不像鸟虱蝇那样又机灵又有专门的器官，又不像蜱虫附着力强、外体坚硬，它要逃过警觉的敌人就只能依靠隐形术。所以跳蚤的身材越变越小，弹跳力越来越强。每次朝着这个目标的微小变异，都为自然选择所利用了。

第十一章 熊蜂及其他

HUMBLE-BEES AND OTHER MATTERS

11

潘帕斯有一黄（Bombusthoracicus）一黑（Bombusviolaceus）两种熊蜂。第一种胸部呈樱草黄色，腹部末端是明亮的红褐色，与欧洲熊蜂略有相似。第2种相对罕有，个头较第1种稍小，通体深黑色，质地如天鹅绒布，双翅则为深蓝紫色。

随便到花园或地里瞧瞧，便知道黄色熊蜂比黑色熊蜂多得多，比例大约7∶1。我还发现它们各自蜂巢的数量也是7∶1，每七个黄熊蜂巢才有一个黑熊蜂巢，多年来都是如此。两者的习性几乎一模一样。亲缘关系如此近的两个物种在同一地区生活，合理的推测便是其中一个物种比另一个更具生存优势，而最终相对劣势的物种会从此消失。这儿的黄熊蜂比黑熊蜂多出六倍，自然也能推断黑熊蜂将慢慢绝迹，或者注定会有新来者取代原本占多数的黄熊蜂。可我在这儿观察了20年，虽然此间由于人工养殖二者的总数皆大幅上升，但比例关系始终保持不变。虽说自然选择是个漫长的过程，但因为黄、黑熊蜂两者之间的权利关系并未达到稳定的平衡，所以20年时间应该是可以观察到一些显著变化的。而且同期内，原本当地很普遍的好几种昆虫几乎绝迹，而另几个数量极少的却成了大户。所以对于昆虫而言，种群数量普遍起伏大、变化多。

蜂巢选址总选在土壤凹陷处，上头往往还有刺菜蓟丛遮挡。它们往下挖土，加深原本的凹陷。春天枝叶繁茂的植物是蜂巢的天然掩护，秋天草木凋萎后熊蜂便把小枝条、荆棘、树叶咬成极小的碎片，和在一起搭成一个圆顶盖在蜂巢上方。它们还知道利用现成的小洞小穴筑巢，省下不少挖掘的力气。

它们的建筑与欧洲熊蜂的很像。蜂巢里的小室是不怎么规整的椭圆形，长1～4cm不等，一般最初建的几个都比较小，到了特定季节旧的小室就用来贮藏蜂蜜。蜂蜡是巧克力色的。黄、黑熊蜂的建筑工事大同小异，只是黑熊蜂比黄熊蜂用更多蜂蜡加固蜂巢内部，这几乎是我发现的唯一不同之处。黄熊蜂的贮卵室内一般有12～16个虫卵，黑熊蜂10～14个。它们的虫卵最大成虫却最小。蜂巢入口处一般都设有一个哨兵，一有风吹草动哨兵熊蜂便发出尖利的嗡嗡声以示警告，并马上摆出战斗姿态。

一年夏天我运气好，10m之内发现了黄、黑熊蜂的蜂巢各1个，便决定仔细观察看看它们是否能和平共处，相邻但不同种的蚂蚁部落之间有时是会起冲突的。好几次我都看见一只黄熊蜂离开自家蜂巢，在黑熊蜂蜂巢附近逗留，甚至停在上头，看门的黑熊蜂发现敌情后总要把它赶走。有天竟让我看到一只黄熊蜂飞进了邻居家，可见是哨兵玩忽职守了。我屏息凝神地观望着，急切地想知道后事如何。大约5分钟后黄熊蜂飞了出来，安然无恙，没惹上麻烦。所以我的结论是熊蜂也和它们住在养蜂房里的亲戚一样，时不时干点偷蜜的行当。还有一次我看到黄熊蜂巢的入口处横陈着一具黑熊蜂尸体，看来这哥们是盗窃被抓，叫黄熊蜂给蛰死了，然后弃尸在蜂巢口以示警戒。

黄、黑熊蜂的最大差异在于黄熊蜂不排放有毒的臭气，而黑熊蜂在被激怒或进攻的时候会释放一股强烈的气味。这种气味闻起来竟然与红色翅膀、深蓝色身体的南美佩柏瑞斯黄蜂愤怒时释放的气体几乎一样。刚闻到时嗅觉神经产生刺痛感，大量吸入后就使人恶心作呕。有次我打开一个蜂巢，瞬间好几只黑熊蜂冲出来绕在我的头边嗡嗡嗡，蜂针扎进我的防护面罩，放出一股子刺激性气体。忍无可忍的我狼狈逃跑了。

像熊蜂这样装备剧毒蜂针又勇猛无双的物种，竟还有放毒气这招，似乎是很说不通的。这就像是我们的战士明明配了火枪长剑，还给一人发一个毒气小瓶，叫他们在抗敌的时候开瓶放气。

至于动物究竟是为何以及如何掌握了放毒大招，一直都是不解之谜。我们只知道自然选择用它来武装弱者，主要是昆虫中的弱者，使它们可以从敌人手上逃走。我见过最厉害的是巴塔哥尼亚高原上一只巨大的毛毛虫，它伏在一段枯木上，碰一碰它就放出一阵臭气，熏得人头晕目眩，恶心难耐。好在气味挥发得快，要是散不掉的话甚至比臭鼬的臭气还让人痛不欲生。

臭鼬是个鲜活的例子，展现了动物原有的自卫本能如何一一退化，最后依赖上放毒这种低级的自我保护方式。这在高级脊椎动物中也许是绝无仅有的。臭鼬所属科下的其他成员个个狡猾聪慧腿脚快，即使逃不掉也必定气势汹汹地正面对敌，它们牙坚口利，保护自己绰绰有余。而因为某种神秘的原因，臭鼬身上却长出了一个喷发恶臭分泌物的腺体。这种神秘液体就是大自然为臭鼬精心准备的武器，一门不甚光彩的暗器。遭到敌人追击后既不逃跑也不撕咬的就只有臭鼬一个，它的反应与众不同——突然急躁发狂，一阵抽搐后不受控制地往敌人脸上喷射臭液。臭鼬本有一口凶狠的好牙，但自从停用后，它慢慢退化变得行动迟缓，头脑迟钝，甚至危险当头都毫不警觉。随着自然选择效果的不断累积，它的恶臭威力愈加强大，从美洲大陆臭鼬泛滥便可知这一保护机制是多么行之有效。人类特别是野外活动的博物学家与猎人该庆幸，幸好其他物种并没有朝这个方向演化。

可潘帕斯鹿又是怎么回事呢？雄鹿也散发一种古怪的气味，虽不及臭鼬的那么臭，但一样传播很远。每当这股恼人味道飘进人鼻子，四下里却难觅野外"香水师"的踪影。而且于雄鹿这气味并不起保护作用，反而向方圆十几千米内的敌人报告了行踪，就如鸟儿晃眼的白色羽毛之于捕鸟的猛禽一样是个不利因素。所以也就不奇怪为何有美洲狮的地方，潘帕斯鹿总是很少见。奇怪的倒是，潘帕斯鹿没有像古老的美洲马一样灭绝。

潘帕斯的高乔人有一套说法，我犹豫再三还是想记录在此，信不信由读者自行定夺。我本人也很摇摆不定。虽然我对高乔人的博物志向来将信将疑——但凡有怀疑精神的人都会觉得他们那些说法太过天马行空，但偏偏我自己的亲身观察已多次印证了他们的说法。比如有个高乔人说骑马在外的时候被一只巨型蜘蛛追赶了好长一段路，其他听众都不以为然，笑他是在编故事。可我在野外行走、骑马时也几次被潘帕斯常见的一种巨大的捕鸟蛛追过，所以没和其他人一起笑。高乔人说潘帕斯雄鹿的臭气是蛇类深恶痛绝的，就像除虫菊的花粉对大多数昆虫的效果一样，他们甚至说这臭气对蛇是致命的。这样看来，倒不是一无是处。在毒蛇出没频繁的地区，如布宜诺斯艾利斯南部的潘帕斯，高乔人常绑一条雄鹿皮在马脖子上，据说皮上经久不散的浓郁气味可以保护高乔人的宝马。显然，在当地蛇咬是家畜死亡的主要原因。最常见的毒蛇竹叶青颜色很不显眼，也不会甩尾巴发出哒哒的挥鞭声警告路过的动物避让。它性子懒，从不主动攻击，飞奔过路的走兽若是挨咬往往是因为不小心踩到了它。想想那么多的竹叶青，那么雄鹿的臭味具有防蛇功能是很有可能的。我们知道在自然选择的操控之下，其他物种的臭味都各有功用。

毕竟这些野路子的高乔博物学家清楚绑雄鹿皮的用意何在，马脖子上系一条就可以放心地任马跑，去蛇多的地方也不怕。

高乔人还很肯定的是，潘帕斯鹿与蛇结有不共戴天之仇。每次相遇，鹿就兴奋异常，以屠蛇为大业。据说，鹿会绕着蛇一圈圈地跑，同时释放大量臭气，直到蛇窒息而亡。我们自然很难相信这气味的杀伤力如此强大，但鹿的确是仇蛇者、杀蛇者：在北美、斯里兰卡和其他地区都有人看到过鹿兴奋地跳上去踩住蛇，用锋利的蹄子执行蛇的死刑。

第十二章 / 高贵的黄蜂

A NOBLE WASP

12

博物学家和君主一样，宠爱难以均分，总有偏心的对象。我的动物学知识虽不敢称广博，但爱动物之心却极泛滥，我由衷喜爱着一切生灵。当然我特别喜爱某几种昆虫，几乎昆虫纲每个目下都会有几种是我特别喜爱的。膜翅目昆虫里我的最爱是拉普拉塔的一个奇特品种——莫内丢拉黄蜂。它长得俊俏，习性也独树一帜，但我对它钟情如此还另有原因：过去它们在当地极罕见，幼时的我偶尔看到一只就乐得和过节似的。近些年来它们数量骤增，如今已是这里的大户了。莫内丢拉黄蜂体型大，色彩艳丽，嗡嗡的蜂鸣声颇响亮，头部腿部为粉色，翅膀则有棕色光泽，身子上交替环绕着黑色与浅金的色带，喜食大朵菊花的花蜜。幼虫时期以昆虫为食，但与其他沙蜂食性不同。普通沙蜂会为结蛹前的幼虫储备粮食，抓捕足量的昆虫或蜘蛛，把它们弄残但不致死，活体被贮藏起来供幼虫食用。莫内丢拉黄蜂则是现抓现吃，捕到猎物后即刻杀死带给幼虫吃，这个习惯使其看起来更接近鸟类。

这种黄蜂在无遮挡的硬实地面掘洞，每个洞的洞底只产一颗卵，常常许多个小洞紧密地挨在一块儿。幼虫破卵而出后，母亲就开始带昆虫回来喂食，她每次觅食离开前都会小心地在洞口松松地填上一层土。若非如此，恐怕50只幼虫里面存活下来一只都很难，因为周边寸草不生，到处是觅食的蜘蛛、蚂蚁和虎甲虫。幼虫食量惊人，但勤劳的母亲总能做到供需平衡。常看到六七只刚死不久的昆虫被堆成一圈供幼虫享用，蜷在中央的就是被宠坏了的小饕客，准备等胃口大开时饱餐一顿。

莫内丢拉黄蜂是捕蝇能手，虽捕食萤火虫等其他昆虫，但最喜欢的还是苍蝇。可能是因为苍蝇翅膀轻小不碍事，吞食起来也容易。它们也抓捕飞行中的昆虫，但最常用的方式还是趁猎物休息时突袭。以前我对它们不甚了解的时候，受过多次惊吓，好端端在地里散步，突然两三只或更多的莫内丢拉黄蜂直冲我飞来，绕着我的脸盘旋飞舞，我耳边嗡嗡声大作。其实它们的目标不是我，而是叮人的飞虫，它们知道此类小虫一旦叮上一块血鲜味美的肥地就会忘乎所以，失去警惕。所以只要人畜一动起来，举手投足、摇尾动蹄地赶虫子，它们马上前来救援，指望能找到一两只可怜虫果腹。再说马儿，它们也不笨，知道感激这群蚊蝇清道夫，总是服服气气地任五六只黄蜂在头边乱飞一气，清楚每一只敢在它身上停留的吸血小虫都会即刻被哄抢吞食。所以狂暴的莫内丢拉黄蜂是驱虫能手，比马尾巴更好用。顺带一提，布宜诺斯艾利斯这儿的马都长着长尾巴。

　　结尾前再讲一件我亲眼所见的趣事，故事里的莫内丢拉黄蜂霸道而蛮横。那时我正靠在门上观察一只吸食向日葵蜜的莫内丢拉黄蜂。附近有一只小小的切叶蜂不停飞来飞去，发出急促尖锐的蜂鸣，一阵折腾过后它飞到了这朵向日葵上。可能是邻居的尖叫和急吼吼的样子惹恼了莫内丢拉黄蜂，它盯着切叶蜂看了好一阵儿，然后冲过去赶它走。可很快切叶峰就回来了，因为对蜜蜂来说，没采蜜便弃花而走简直是不可饶恕的行为。但可怜的它又让张牙舞爪叫嚣着的黄蜂赶跑了。在一片叶子上晒了会儿太阳后，它发起第三次进军，第三次被驱逐。它后来还试了其他法子，可这不饶人的大黄蜂现在更是严密监视着它的一举一动，只要它敢飞近向日葵几厘米之内大黄蜂就凶相毕露。气馁的切叶蜂又去晒太阳了，显然决心等暴君起驾再做打算。偏偏暴君似乎清楚它的盘算，也下定决心不走了。切叶蜂只好等着，突然间，它飞到莫内丢拉黄蜂的正上方，老鹰般盘旋了一阵后猛然俯冲到黄蜂背上狠狠擒住，开始疯狂撕咬，直到恨意完全平息后才飞走。暴君在原地狼狈不堪，翅基部位伤势惨重。我吃惊的是黄蜂翅膀竟没被完全切断，要知道切叶蜂牙齿之灵巧可不输裁缝的快剪。

　　显然于人也好于蜂也好，复仇的滋味比蜜更香甜。不过从心理学研究来看，切叶蜂这样的低级生物真的具备憎恨与报复这般高级的智慧与情感吗？所谓报复是指"受到冒犯的人（或蜂）对敌方施以回敬的情感需求"。据贝恩[①]描述，报复是一种高层次的愤怒，是痛苦引起的兴奋占据了行为中心，产生要刻意折磨另一有情生命的冲动。贝恩认为唯有高级动物——他列举了雄鹿和公牛——才有这种高级形式的愤怒。对人类来说，报复的来由不一定是火药桶，有时只是一点火

---

① 贝恩（1818—1903）是英国哲学家、心理学家，联想主义心理学最重要的代表。——译者注

星。不过几乎每一种生灵的胸腔里都埋有炸药。贝恩认为一头公牛（在我看来牛的心智水平与大多数低级动物相差无几，和所有脊椎动物甚至和昆虫都差不多），就能燃起比阿喀琉斯[①]还旺的怒火。而激怒公牛的那块红布，与它既无私人恩怨也非政治对手，所以这愤怒多么盲目啊！自然界里盲目仇怨的另一个例子早被先知耶利米征用过，"我的产业对我，不就像一只带斑点的鸷鸟，其他的鸷鸟都四围攻击她？[②]"我就经常看到林子里的鸟儿围攻一只长相殊异的外来鸟，愤怒地群起而攻之，最终将异类赶走。不过这倒不能说是完全的盲目，因为任何鸟儿，即使是只小型鸟，如果羽色瞩目或花纹特别都会被认作是猛禽。

麻蝇[③]错把腐肉花[④]当腐肉而产卵其上，这种看走眼很平常。但动物天生携带的躁怒基因由错误的对象引爆，在错误的时刻一发不可收拾，这就是真正的错误了。

[①] 阿喀琉斯是希腊神话中半人半神的战斗枭雄，带领希腊联军攻杀特洛伊的第一勇士。——译者注
[②] 此句引自《旧约》中的《耶利米书》。《耶利米书》共52章，记载了先知耶利米的预言——公元前586年耶路撒冷将被巴比伦灭亡。——译者注
[③] 麻蝇一般在腐肉、粪便或者腐败物质上产卵。——译者注
[④] 腐肉花又名大王花，号称世界第一大花，花朵能够长到直径近1米，具有刺激性腐臭气味。——译者注

第十三章 大自然的夜灯

NATURE'S NIGHT-LIGHTS

13

关于萤火虫（有发光能力的萤科昆虫）那盏小灯的作用，前人推测它是防御性武器，用以对抗夜行的捕食性昆虫。这是柯比和斯彭斯二人在《昆虫学导论》中提出的，也可以说最初是老普林尼[①]的观点，这样当然就能引发现代昆虫学家的更多关注了。现如今只要是达尔文以前的观察者都一概被认作古人先贤。虽说假设萤火虫的光是一种防御武器也并非不合理，但是在著名的《昆虫学导论》中两位作者的解释并不能完全让人信服。近来的动物学著作就此提出了新的替代理论，但也不比旧的高明。

我们首先来审视一下第一种观点，照现在的说法应该要称作古代理论。把一只捕食性昆虫和一只萤火虫放到一块儿，我们发现萤火虫的闪光确实有威慑力，因此的确起到了保护作用，就如同篝火保护旅行者在夜晚免受野兽滋扰。虽有事实依据，但并不能断定这就是萤火虫具有发光能力的全部原因，因为另有研究表明，萤火虫就算不发光也照样可以安全无忧。也许这一闪一烁的光亮只是为它们的夜间嬉戏助兴而已，但这样又构不成一项必要的生存技能，也就无法作为萤火虫拥有发光能力的解释。

萤叩甲是一种大型热带萤火虫，发光器位于胸部上方的表面，其他特性尚不明朗，但据说只在夜间活动。它们仅在阿根廷的亚热带地区有所分布，我一只都没见过。另外两种萤火虫（Cratomorphus，Aspisoma）在当地很常见，也是我熟悉的品种。这两种萤火虫都是腹部发光。其中的一种（Cratomorphus）身体纤长，翅鞘上有两道黑色平行线，遍布拉普拉塔南部乡野，所以当地人口中的萤火虫就是专指这种小虫。它们是严格的昼行昆虫，就和昼行的蝴蝶一样。白天的时候四处翻飞、求偶、进食，主要吸食菊科与伞状花科花蜜，即使在正午灼灼的烈日下也活跃如常，这点同黄蜂一样。鸟类不喜捕食这种萤火虫，因为它们口味不佳，而且散发一种与萤叩甲相似的臭味。但它们的虫类天敌却不挑三拣四，很乐意食用。捕食性昆虫就是这样不讲究，连石头胃都难以接受的芜菁都不放过。莫

[①] 老普林尼（23—79）是古罗马作家、博物学家、哲学家，共37卷的著作《博物志》广为流传。——译者注

内丢拉黄蜂和食虫虻家族的成员也是这种萤火虫的天敌。但食虫虻也长着黄蜂的样子，紫色的身体与鲜红的翅膀，俨然一只佩柏瑞斯黄蜂，无疑它的拟态是一种针对鸟类的自保机制。但大多数捕食性昆虫都是夜行性的，因此按柯比与斯彭斯的设想，萤火虫就是用那盏闪烁的小灯有意无意地保护自己，免遭潜伏在夜色中敌人的偷袭。那么不可避免推导出如下结论：家蝇等昼行性昆虫在大白天要花很多时间玩乐嬉耍；而昼行的萤火虫因为有一盏专门防御夜行天敌的灯，所以非拖到晚上才开始玩耍，夜幕落下后的两三个小时是它们的狂欢时刻，过后熄灯休息，这才和其他昼行虫类一样把自己暴露在夜的危险之中。所谓萤火虫的狂欢，可不是我信口胡诌，我真的从没见萤火虫在夜间干过什么正经事儿，无非就是没头没脑地四处乱飞，就像家蝇在房间里成群盘旋，纯是为了玩乐。我们越是认真审查各项事实，萤火虫光亮作为防御工具的假说也就越站不住脚。萤火虫拥有一套如此精致的设备，能放出如此美妙的光华，如果仅是在入夜后活动的短短两三个小时里才起一点儿御敌的作用，那恐怕难以使人信服。

目前贝尔特的解释更漂亮一点。有些昆虫（当然也适用于两栖类和爬行类）就是不如另一些昆虫美味，所以不可口的昆虫要是能一眼被捕食者识别就是一种直接的生存优势。它们越显眼越出名越好认，也就越不容易被鸟类、食虫的哺乳动物误食误伤。因此我们发现许多昆虫有着非常显眼或是对比强烈的颜色——称为警戒色——以此保护自己，而食虫生物对此也一清二楚。

萤火虫身体软，飞得慢，抓它们容易，但作食物却不怎么合适，因此贝尔特的理论是，萤火虫用亮光来警告鸟类、蝙蝠、捕食性昆虫，以免遭到误杀误伤。

警戒色的解释好像滴水不漏，但又有些言过其实。我们知道那种最普通的萤火虫就是昼行的，或者至少可以说它所有的大事儿都是在白天办的，偏偏100种吃虫的鸟类至少有99种是昼行性的，而在白天这种萤火虫却没有警戒色和光亮来警示它们的鸟类天敌。至于捕食性昆虫，则如前所述大肆捕食萤火虫，因此所谓的警戒对它们也不起作用。难道这盏美妙的灯是专为警告夜行蝙蝠和夜鹰而点亮的？夜行蝙蝠和夜鹰只是偶尔会对萤火虫下手，所以也不可能。就算果真如此，还得有个前提，即蝙蝠和夜鹰必须是动物界最特立独行的。因为所有动物——昆虫、鸟类和哺乳动物，它们在晚上看到光感到的是困惑与恐惧，而不是得到警示。蝴蝶鲜亮的颜色、毒蛇特异的姿势与声响，都是一种警戒，但警戒产生的效果与动物遇到光产生的困惑与恐惧是截然不同的。

可见柯比和斯彭斯的老理论还算有点事实依据，时下流行的贝尔特的新说法却完全是凭空想象。在提出更合理的解释前，姑且就认为萤火虫的发光器与它的生活习性并无多少直接的关联吧。

我观察到，萤火虫偶尔会发出不寻常的光亮，比平时更强更稳，有时这种光还会渐强或渐弱，这时它总是不如平常那么活跃，不是停在叶子上很长时间都一动不动，就是以极缓慢的速度飞行。在南美人们认为萤火虫发出异常强烈的光芒就表示它死期将近，人们这么联想也不难理解。不过事实并非如此，有的时候，一个地区所有的萤火虫都同步发出强烈的光芒，它们结成浩浩荡荡的大部队好像是在迁徙或要完成一项伟业，当然这种情况很罕见。比格-威瑟①先生在巴西南部，D.阿尔贝蒂斯②先生在新几内亚都见过这样的萤火虫大会，我本人也曾有幸见过一回。那是一个昏暗的傍晚，大约是日落后一个小时左右，我骑行于潘帕斯草原之上，经过魁蓟丛生的高地，来到一处青草茂盛的平原。其间淌着细细一条溪流，溪边闪耀着一张萤火虫织成的天罗地网。只见每一只小虫都铆足了劲，绽放出比平常更大更强的光亮，近似于一个个恒定光源。密密的高草丛里缀满了萤火虫，星星点点，漫天遍野。整支大部队沿着河谷缓慢而慵懒地移动着。当我骑马钻进萤火虫之河的那一刻，马儿骤然受惊，身体前倾，喷着浓重的鼻息不肯迈步。费了好大劲把它安抚好后，我们迈进这条萤火虫之河，缓缓前行，全程不得不紧闭双眼和嘴巴，只感到萤火虫雨点般扑面打来。空气里弥漫着萤火虫的臭

---

① 英国作家、工程师比格-威瑟（1845—1890）曾于1871—1875年间参加在巴西南部的探险活动，回英国后出版了《寻路巴西之南》一书。——译者注
② D.阿尔贝蒂斯（1841—1901）是意大利博物学家、探险家，曾于1875年前往今天的巴布亚新几内亚考察探险。——译者注

味，粘稠滞重。这条宽阔的萤火虫带沿着潮湿河谷的两岸绵延数千米，虽然气味熏人，可一旦骑出了它们的势力范围，我又迫不及待地回望。我在夜色里肃然静默，对着这奇景呆呆凝视许久，真如仙境一般啊！

夜间闪现的火光让动物们惊慌失措，这绝对是个有趣话题。虽然有关于此能说的几乎都已说尽，再出不了什么新鲜货色了，我还是很想补充一些自己的见闻。

在晚间旅行，我发现马儿看到自然火、突然出现的火光与看到人生的火，反应截然不同。从远处屋舍敞开的门窗里透射出来的稳定光源，或是摇曳不定的零散篝火堆，都能让马儿精神为之一振，变成一种催他抵达的动力。而大自然的火光，比如闪电、"鬼火"，甚至是一片萤火虫的光云，却令他惊恐不安。经验早已教会了家养的马儿分辨哪些是人生的火，它知道这火光代表的意义，因而能和骑士一样心安地直奔而去。但黑暗中未知的自然强光，那样神秘莫测，马儿就不能不困惑犹疑。至于野生动物，尤其是荒无人烟之地的野生动物，完全不理解火的意义，对火只有好奇与恐惧。人生起来的火，比大多数自然火光更明亮、更稳定，也最叫野兽害怕焦虑。我们当然很能理解动物的这种情感，因为不管白天黑夜，强光也带给我们相似的体验（尽管程度要轻得多）。

策马在巴塔哥尼亚高原灰茫茫的单调中，常常一连几小时都看不到一丁点儿亮色。这时突然一抹火龙果炽烈的猩红，或是远方灌木丛顶上的巴塔哥尼亚鵟鹰胸前一片明晃灼眼的亮白，总是那么夺目惊心，只要它们还在前方我的眼睛便不由自主地盯着，怎么都挪不开。又或者经过大片荒莽的沼泽，栖停其中的白鹭，那一身耀眼的白羽衣于我也意味着相同的诱惑。夜里这样的感觉就更加明显，比如看到银白的月华映射在水中央，或是流星划破夜空留下一尾光带，更熟悉的例子就是昏暗房间里炽红的炉火，它们对于眼睛有着怎样强大的引力啊！明亮的光辉，或是色彩的反差，是这般震撼人心！其实这种吸引对人来说倒也不过如此，因为我们早已熟谙火的秘密，从自然界提取的各色颜料也减弱了我们的惊喜程度。而对于野生动物，即便是一束毫不神秘的光，也引力无穷，看看鸟儿就知道了。猛禽总能从百鸟之中挑出白色羽毛或羽色鲜亮的鸟儿大开杀戒。到了晚上，光的吸引力要比白天强烈得多，盯着稳定的火光看一会儿便心神大乱。夜行人为了安全点的火，事实上会引来野兽注意，但火光也使它们惶惶不安，因此旅行者大可以就着火光安眠。哺乳动物倒不至于完全失去理智，因为它们成日在坚实的大地上行走，无时无刻不锻炼着肌肉，每迈一步都要动用判断力。鸟类却因为在空中轻快飞行，过着省力省脑的生活，所以容易迷失。多少候鸟是因冲撞灯塔的窗户而死，皓月当空的晚上这些夜行者还算安全，多云阴沉的夜晚则死伤无数。在中美洲的一个灯塔上一夜间竟撞死了600多只候鸟。昆虫也一样：陆上的昆虫虽也为火光吸引，却像虎狼一样对火敬而远之；空中的飞虫因没法把眼睛移开，要么直接飞进火里，要么就围着火焰团团打转，直到因为飞太近烧焦了翅膀。

我发现自己也是这样，在马背上疾驰时比双脚跋涉于陆地上时，更易受亮光影响。黑夜中在一片平原上骑自行车，速度快，又没有任何指引，光凭头脑里的方向感前行的话，人很容易陷入候鸟的境地。前方闪烁着的鬼火之于他就如灯塔之于候鸟：眼睛无论如何也挪不开，很快就失去了方向感，也许最后就和候鸟落得一样的下场，绊倒在暗处的障碍物上，摔破车子甚至摔伤骨头。

第十四章 蜘蛛闻思录

FACTS AND THOUGHTS ABOUT SPIDERS

14

之前我把家里的闲置物转移到一个空房间去的时候，惊扰了一只大黑蜘蛛。亏它跑得快，才赶在一大堆书倒塌前爬了出来，死里逃生。爬到一半，它还停下来对着地形审时度势一番，再急匆匆穿越地板，消失在了房间的某个阴暗角落里。看了这出戏我才想起，原来英国也不是没有蜘蛛的。外国人，不管如何智慧，只要是从暖湿地区来的，总是很容易产生英国无蜘蛛的错误印象。在布宜诺斯艾利斯，我出生的故土，大地上四处爬着蜘蛛这种有趣的小生物，水上水下也随处可见，草丛中亦有不少，几乎处处都闪着它们银色的蛛网。不夸张地说，空气也是蜘蛛的殖民地，无声无息地漂浮在空中，即使蛛丝挂到你的脸上你也毫无知觉。甚至常常这气球驾驶员自投罗网落到了你脸上，在你脸上急急爬来爬去，你都难以察觉，因为它们的小细腿儿比最轻的蓟花冠毛还要轻。

　　我怎么也想不通的是，当我观察其他生物的时候，总是多少带着博物学家的自觉，而观察蜘蛛的时候却总是任一种欣赏之情挤走了科学精神。我之所以在描写某些蜘蛛习性的时候却没有标注具体的物种名称，理由正是如上所述。这种不严谨的省略是最让规矩谨严的博物学家恼火的。蜘蛛集美艳、怪诞、神秘于一体，召唤起我内心某种审美。不过我却没养过蜘蛛，一只都没有，即便想要尝试也不知该如何下手。这怪物的千万张面孔我早已了如指掌，心中爱慕也与日俱增。爱默生曾预言蜘蛛将被未来世界更高等的人类逐出地球，此言若成真，我想大自然必将少去一份古灵精怪的奇趣。我对它们的爱意虽深切却做不到平均，在蜘蛛大家族形形色色的成员之间无法不有所偏爱。几乎透明的小蜘蛛，轻灵如仙子，是阳光与清风的使者；静候在星光闪闪的蛛网中央的是一颗小宝石般的园蛛；陆生的跳蛛，它们的弹跳与谋略简直不输美洲狮。从审美的角度看，上述种类的蜘蛛当然比缓慢笨拙的捕鸟蛛更招人喜欢。一只捕鸟蛛从20m外缓缓爬过来，看起来就像是一只踩着高跷的巨型蟑螂。但母捕鸟蛛在大敌面前保护孩子的勃然盛怒，又着实令人敬畏。这种敬畏还掺和着其他的复杂情感，因为这无畏的母亲同时又是残忍的杀手，竟能冷酷吞食自己的伴侣。

　　也许我对蜘蛛的喜爱之情在很大程度上与同情不无关系。同情与爱，据说是两种紧密相连的情感。大自然随心所欲赐予了蜘蛛微不足道的点滴毒液让其用以防身，却又强加给它们如此残忍的克星来平衡毒液的作用，想到这儿谁不顿生怜悯之心呢？我说的克星当然是指黄蜂。黄蜂精于残忍之道，对待敌人它们不是直截了当地处死，而是慢慢折磨，先致残，再把残废的受害者贮藏在巢穴里，供幼虫闲来生吞活剥。这样恶心的下流行径，正是温暖季候的蜘蛛无法逃脱的悲惨命运。整个夏天，漂亮的土蜂都在忙着从屋舍敞开的门窗进进出出。土蜂身体细长，腰部特别纤细，明黄色的腿和胸，深红色的腹部，还有什么能比它们悦目养眼？但它们的品性却一点不美好。夏天它们是我家里的一害，怎么都赶不出去。有天家里人坐在一起用餐，土蜂趁人不备时筑的一个泥巢从天花板剥落，从天而降砸到饭桌上碎成片，洒出一场绿色的蜘蛛雨，无数半条命的蜘蛛挣扎爬动着。这一幕引发的强烈反感，连同对那位美貌但冷酷的土蜂建筑师的憎恶，深深埋在了我的记忆里，永难忘怀。黄蜂军团里还另有一位比土蜂更厉害的蜘蛛清道夫，我在这儿也简单讲讲它的习性。潘帕斯草原有些干旱的秃地块儿会被一种蜘蛛征用，它们要么在地上挖一些小洞，要么占用原本就有的小土洞，住在里头，也以此为据点突然冲出来抓捕猎物。通常它们都静坐在小房子里守株待兔，等一些粗笨的虫子自己送上门来。夏天，这块蜘蛛领地上飞来一只小黄蜂，身形不比丽蝇长，身子和翅膀都是晶亮的深紫蓝色，只在胸口上有个白点，仿佛是条衣领子。它煽动着蓝翅膀四处飞来飞去，身手很是敏捷，而细长优雅的体型则颇有几分刺客风度，它谨慎地查探了地面上每一条缝隙每一个洞。要是睁大了眼睛认真观察，你会发现它走到最后那个洞口时突然一惊，朝后退了一小步。它发现里面藏着只蜘蛛。很快它计上心来，走进了洞里，在里头待了好一会儿。正当你开始担心蓝色探险家是不是遇上了什么麻烦，它冲出来，慌慌张张地显然是在逃命，后头紧跟着一只蜘蛛。但就在它们离开洞口六七厘米的时候，逃命的黄蜂闪电般掉头扑到蜘蛛身上，两者紧紧纠缠在了一起，展开殊死搏斗。它们互相扭结，迅速地打着转儿，看上去仿佛合为一体了。激战了一会，黄蜂抽身而出，一副胜券在握的样子。而悲惨的受害者还没断气，腿抽动着，身体已瘫痪，软趴趴瘫在地上，像搁浅的水母一般无力。每一场这样的战斗都无一例外地如此收场。其他弱小的被捕食者也许偶尔给迫害者一点儿苦吃，比如小小的老鼠虽自救不成，但在抗争中有时也能让猫痛得呲牙咧嘴。可是这黄蜂的甲胄实在无懈可击，且判断精准、头脑清醒，一丁点儿的意外都不会发生，可怜的受害者蜘蛛只有听天由命的份儿。胜利的黄蜂休息够以后，小心地把受伤的蜘蛛拖回蜘蛛洞里，安顿在洞底，并在它边上产下一颗卵，出来后用尘土把洞口填上掩人耳目。完成这马基雅维利式的大业后，它才心满意足地离开，寻找下一个受害者。

园蛛科是个大家族，旗下众多成员构成了土蜂及其他蜘蛛杀手淫威之下的受害者大军。园蛛科蜘蛛身体软乎乎、胖鼓鼓，丰满得像一团黄油，主要在树丛与灌木间居住，几何形的蛛网往往暴露了它们的行踪。它们胆怯，毒性小，喜好躲在卷叶子片做的绿色小凉亭里避世，所以它们容易遭欺负的原因也是多重的。此科蜘蛛体型多样而奇特，有不少色彩鲜艳的品种，但即便是其中最最鲜亮的颜色如橙黄、银白、猩红，也都是与周遭环境相得益彰的保护色。绿叶灌木里的常住客是鲜绿色的园蛛，但是保护性质的拟态并不仅止于颜色。当灌木被剧烈摇晃，这种绿蜘蛛的逃生方式便是把自己摔到地上然后装死。巧妙的是，它并不是以一个圆鼓鼓的实心物体做自由落体运动时该有的速度与状态下坠的，而是模拟了绿叶掉落的姿态。灌木丛里还住着另一种园蛛，体型与绿园蛛相近，颜色不同，是一种褪色的黄，干瘪枯叶的那种颜色。这种黄园蛛的逃生方式也与绿园蛛一样，但它掉落的时候还要更慢一些，绿园蛛模拟的是断落的新鲜绿叶，而黄园蛛模拟的则是羽毛般轻飘飘的枯叶。其实不难想象这是怎么做到的：黄园蛛用了一条比绿园蛛更粗或是更有韧劲的胶质蛛丝在上头贴住，就比绿园蛛落得更慢一点。进化的过程中它们经历了多少次的尝试啊，千万次调试蛛丝才最终得以形成恰到好处的韧度，使绿园蛛和黄园蛛得以精确模拟鲜叶与枯叶的不同下落姿态。

英格兰也有肖蛸，一种栖息在溪水边的小蜘蛛。身形瘦削，狭长如一叶独木小舟，纵向伏在草茎或草叶上时，细长如发丝般的腿前后伸展开来，就像叶子上褪色的一条叶纹，所以很难发现它们。肖蛸科下有一种身体构造特殊的蜘蛛，在潘帕斯很常见。它们长长的腿极细，甚至不如猪背上的鬃毛粗，但到了危急时刻它们的细腿会扁塌变平，变得像一只船桨。这种肖蛸科蜘蛛只见于悬垂溪水边的草丛中，数量多，生性好斗，成日打闹不休。打斗或追击中常有的结局是掉入下方的水里。其实我觉得是它们自己故意掉下去的，这是一种应急自救方式。落水后特异的身体构造就显出了优势，它们就像小船一样浮在水面，甩出长腿，扁平的足端入水划拨，摇桨似的把自己摇回岸上去。

会飞行的蜘蛛当属天下生灵里最有灵气的，它们也占了当地蜘蛛品种中的大多数。许多不同种类的蜘蛛都有飞行的本领，其中有些颜色与花纹美艳异常。唯有西下的落日在平原上投洒出一片闪亮的光辉，我们才能朦朦胧胧看到不计其数的轻灵小家伙在空中四处飘浮着，忙忙碌碌织着轻纱薄网，并不能看得很真切，宛如大气中优雅的仙尘。

这类蜘蛛小小的肚皮里所包藏的秘密恐怕还要困扰智慧的人类很久。半颗麦粒大小的生物竟能突然喷射出半米多长的细丝，再借由细丝遨游空中。如果它仅仅凭借机械力加空气气流就做到了这一点，实在奇巧。

当前博物学家十分关注世界各地的鸟类迁徙，是不是也应该将昆虫与蜘蛛的迁徙纳入观察范围，以增加科学性呢？一般观点认为，蜘蛛飞行是利用特殊的动力模式搬家，可能是受食物短缺或其他不利生存条件驱使，也可能仅仅是它们流浪的性格使然。我认为除了在夏季不停地四处翩飞，这些会飞行的蜘蛛还另有一种周期性的迁徙，通常很难为人注意到。蜘蛛因本能驱动而离开自己的据点，迁徙他处，这样零零散散的飘游蛛网相当不起眼。如果大批蜘蛛同时在某个区域起航，便能看到重重蛛网漫天飘飞的景象，如此大规模的迁徙运动就很难不引人注意了。我所见到的大规模蜘蛛迁徙都发生在秋季，或至少在夏至过了好几周后。与同一时节的鸟类迁徙一样，蜘蛛也是朝北而行。我不敢断言这种迁徙本能是否是所有蜘蛛共有的。比如在英格兰这样湿润的海岛，大气状况难以满足蜘蛛飞行家的飞行条件，逆风容易将它们打落在遥远的海上，也因此很难相信它们会冒险启程。但如果它们驻扎于广袤的大陆，比从炎炎赤道绵延至寒冷的麦哲伦海峡的南美洲大陆，便可能渐渐生发出这样一种迁徙的本能。迁徙并非鸟类独有，到了特定季节，鸟类、虫类，乃至哺乳类都会被同样的冲动感召。只是在某些鸟类身上迁徙本能得到了更充分的发展，比如燕子。但驱动迁徙本能的最原始的冲动却广泛存在于动物世界，即便燕子的神奇迁徙习性也是从最原始的冲动发展而来的。似乎欧洲大陆也为蜘蛛的秋季大搬迁提供了地理条件，但我不得不承认我并没有什么实际的证据来支撑这个论断。唯一能沾上点儿边的就是在德语中，会飞行的蜘蛛别名为"飞行的夏"和"消逝的夏"。

前面说到我所见的蜘蛛迁徙都在秋季，有一次却是发生在天气还很干热的时候。那次蜘蛛迁徙来得特别迟，是3月22日，当时燕子、蜂鸟、鹟科小鸟，以及大多数其他种类的候鸟都已走飞走个把月了。那大迁徙的景象如此奇妙，看得我大为震惊，也很好地佐证了我关于蜘蛛季节性迁徙的论述。在此我打算把当时所做记录原原本本地摘录在此。

"3月22日。下午外出打猎时，看到了蜘蛛飞行，是不曾见过的景象。走在溪边（布宜诺斯艾利斯附近），注意到沿着低湿的地面铺展开一条宽阔的白色带状物。原来是近地表大量的蛛网重叠在一起，密得几乎遮住了下方的草丛与灌木。覆盖着白色蛛网的区域将近20m宽，边缘外的草叶上也散布着零星的蛛网。至于它延伸了多长的距离我并不能确定，跟着走了3000m也没到尽头。在此集聚的蜘蛛数不胜数，密度极大，起飞时不停地互相妨碍。一只蜘蛛喷出的蛛丝马上与另一蜘蛛几乎同时喷出的蛛丝勾缠住，而这对冤家当即就能知道问题出在了哪儿，因为蛛丝一纠缠上，它们就怒气冲冲奔对方而去，彼此倾轧，不让对手挡道。虽则困难重重，大部队还是乘着南来的清风徐徐飘移着。"

"我发现里面有三种不同的蜘蛛：一种有着圆圆的红肚子；一种色泽如黑天鹅绒般，头胸部方阔，腹部小而尖；第三种是数量最多的，很特别的橄榄绿色，个体大小差异大，最大的身长超过0.5cm。显然是由于溪边低地湿气过重，蜘蛛们汇集到了干燥地块边上准备迁移。"

"3月25日。又去看了蜘蛛。本来没抱希望能再见到，因为从上次撞见以来已多次风雨。但竟然看到了，出乎意料，而且蜘蛛数量大有增长：刺菜蓟丛上、杆子上、以及其他的高处尽是蜘蛛，几乎一堆堆地叠压着。多数是体型较大的橄榄绿色蜘蛛，可能正是因为体型大而滞留。现在它们已经启动大规模飘移了。天气无风且干爽。今天我还注意到了一个新品种，灰身子，间有优雅的黑色条纹，腿是粉色的，非常漂亮。"

"3月26日。今天又去了。发现大部队已迁走，只留下少数落后分子还逗留在杆子上、枯草茎上。入秋以来天气反常，湿漉漉的恶劣风雨天后，蜘蛛利用了这段短暂的晴好天气上演了集体大逃亡。"

这次奇观在我看来是一系列环境因素共同作用的结果。首先，糟糕的天气使蜘蛛迁徙比往常延后。其次，蜘蛛因溪谷低湿而大量集聚到高处，使年度搬迁更加引人注目，不然也很难发现这次迁徙。

布宜诺斯艾利斯地区的幽灵蛛聪慧且富有创意。幽灵蛛很安静，是种没什么攻击性的室内生物，成群结队，数量极多。如果家里不常清扫天花板和幽暗角落，这些场所很快就会沦为它们的地盘。当然，比起充满活力的会飞行的迁徙蜘蛛，幽灵蛛似乎显得很平庸。可是通过研究这种脏兮兮不起眼的室内小蜘蛛，我们发现它们的习性竟带有童话般的神奇色彩。幽灵蛛的显著特征是腿长，颜色与外形和大蚊相似，但体型是大蚊的两倍。它们的自卫方式颇为奇特：遭受攻击或敌人迫近之时，幽灵蛛会把几对步足挂附在蛛网中心，像旋转木马一般快速旋转身体，转动中的幽灵蛛看上去如蛛网上的一团迷雾，敌人根本无从下手。幽灵蛛是这样抓苍蝇的：小心翼翼上前用蛛丝在其四周织网，慢慢地网越收越紧，直到最后猎物困于茧状的蛛网之中。当然蜘蛛都是这么捕获猎物的，不稀奇，但幽灵蛛的智慧——我找不到比智慧更合适的词汇了——为它在这种常规方法以外还添补了一手绝活。幽灵蛛尽管个儿大，却不怎么中用，自身毒性不足以使猎物丧命，所以它另有一套处死苍蝇的妙法，虽然相当费时费事。苍蝇一旦落入蛛网就变得很聒噪，被"长腿老爹"——英裔阿根廷人给幽灵蛛取的绰号——缠绑好之后，愤怒的尖叫还要持续很久，通常长达10~12分钟。这种噪音逗引得周围的蜘蛛邻居躁动起来，纷纷离开自己的蛛网，急急赶去事发现场劫掠。有时抓捕苍蝇的蜘蛛会被赶走，最强壮或者最大胆的入侵者坐享渔翁之利，不劳而获。但如果一个大型蛛网稳稳当当在天花板留存了很久，幽灵蛛抓到苍蝇后的流程如下：先迅速扔一片蛛网覆盖住猎物，然后割断这片蛛网，使其带着苍蝇凭借一条蛛丝悬垂于天花板下方1m左右的空中。其他蜘蛛强盗赶来，一圈巡视后并无所得，便各回各家。警报得以解除，幽灵蛛把悬吊的苍蝇囚徒拉上来，这时的苍蝇因为拼命挣扎早已精疲力竭。

至此我已一再说明，当听到附近蛛网传来的被困昆虫的尖利嗡嗡声，所有的蜘蛛都有一样的反应，包括幽灵蛛，它们躁动不安起来，离开自己的领地，匆匆赶去声音的源头。好几年前我还发现乐器如小提琴、六角手风琴、吉他等发出的声音，也与蛛网中苍蝇囚徒的尖细鸣声一样强烈地吸引着蜘蛛。常常看到吉他的乐音响起，天花板和墙上的蜘蛛就被陆陆续续勾引过来。我曾在木板上装了金属的弦，轻轻拨动，竟真的成功引来了蜘蛛，它们甚至爬到我手指边上仅仅六七厘米的距离。我还注意到，引来的蜘蛛四下里急切地搜寻着什么，神色激动，举止激烈，贪婪急切。当佩利松[①]在巴士底狱奏响风笛，那只大名鼎鼎的宠物蜘蛛大概也是带着这般急不可耐的贪婪模样奔赴而来，等待喂食。

至此我所描绘的蜘蛛都比较胆怯被动，攻击性弱，大部分属于园蛛科。此外亦有许多斗志高昂的蜘蛛，它们与脾气最火爆的膜翅目昆虫一样，时刻准备着为鸡毛蒜皮的小事大干一架。捕鸟蛛家族就有多个成员，个个都不容小觑。潘帕斯最常见的一种捕鸟蛛（Mygale fusca）是个十足的怪物，浑身长满深棕色的绒毛，本地方言也称为"毛蜘蛛"。在一年中最热的十二月里，在开阔的平原上四处可见漫步的毛蜘蛛，笔直爬行着，缓慢而匀速。它们特别善于摆架势，一旦感到威胁，便立即后退一步，像拳击手一样做好战斗准备，然后由后面的四只步足支撑着直立起来，展露出腹部。说到装腔作势，熊蜂是个中翘楚。当蜂巢遭到外来者

[①] 佩利松（1624—1693）是法国作家，囚禁于巴士底狱期间养了只蜘蛛作宠物与他相伴，风笛是给蜘蛛喂食的信号。——译者注

滋扰，熊蜂那怒气冲天的架势真是精彩极了。它们翘起腹部，抬起两三条后足，就仿佛一班子杂耍演员在表演倒立，以头与手支撑地面，当空踢腿。为了加强恐吓的效果，熊蜂还会配上尖锐刺耳的蜂鸣以示警告或挑衅，同时露出蜇刺在空气中一通狂扎，刺端渗出一滴滴清澈的毒液来。这一全套恐吓动作完成下来常常真能达到退敌的效果。至于毛蜘蛛，突然立起来的样子极为可怖，我想即便是再愚钝的家伙也绝不会误会它的用意。它立起来后又重重落下，披着盛怒朝敌人迈开大步。毛蜘蛛长长的、黑亮的螯针是极具杀伤力的武器。我认识一位本地女性腿被毛蜘蛛咬了，过了14年还偶尔感到旧伤口阵阵剧痛。

不过潘帕斯的蜘蛛王并非捕鸟蛛，而是体型巨大的黑腹狼蛛。黑腹狼蛛通身灰色，身体中央有一圈黑色纹路。此物十分活跃，行动迅速，脾性之暴烈使人不免怀疑大自然造它的时候是否在这方面下手过重。若有路人碰巧走过，哪怕远在黑腹狼蛛据点三四米开外，这家伙也马上惊起而追之，一路穷追不舍，跟出来三四十米也是常有的事儿。有一次我就差点被这野蛮的家伙咬到。那回是在干旱的草地上骑行，马儿轻快地一路小跑着，突然间我发现后头有只蜘蛛猛追而来，只见它飞速跳跃式前进，紧紧跟在马儿边上。我瞄准目标一马鞭子狠狠甩下去，鞭子落空，打在蜘蛛近旁的地面。说时迟那时快，这黑腹狼蛛就势一跃而上，顺着鞭绳爬上来，等我回过神来已经近在我手边10cm，吓得我赶紧把鞭子掷了出去。

高乔人有一首离奇的歌谣，吟唱的是科尔多瓦城迎战蜘蛛怪军团的故事。歌谣描绘城里人摇着旗、击着鼓，出城镇压入侵的蜘蛛部队，开火才两三轮，蜘蛛军就溃不成军，夺路而逃。想必是某一年光景好，这种有追人恶习的大蜘蛛在城内泛滥成灾，后来便成了编故事人的素材。

关于蜘蛛见闻的辑录就到此为止，最后再添一则我亲眼所睹的蜘蛛大战。这场恶战的交战双方是同种类的蜘蛛，其中一只临墙织了一张小网，另一只觊觎不已，意欲占为己有。见网起意的那只蜘蛛三番二次用计要把合法业主驱逐出去，却始终没能得逞，于是干脆冲入网中发起生死对决。双方并没有动用粗暴的武力，事实上就连肢体触碰都没有，但这并不意味着它们没有动真格。它们一刻不停，不是绕着对方快速地转圈，就是从对方身上凌空跃过或从对方身下挤过，企图用蛛丝阻碍或是缠绊对手。看看它们多么灵活地避开对手投来的套索，又多么狡猾地向对手投去罗网。势均力敌的战斗僵持许久以后，侵略者犯下了致命的错误，一时身体动弹不得。保卫的这一方眼见得势，立即猛攻，来来回回腾空跃过受困的蜘蛛，用蛛丝将对手缠绕，速度快得几乎看不清，会让人以为有两只蜘蛛在同时围攻中间那只蜘蛛。它随后又调整了战略，开始绕着囚犯一圈又一圈地转，很快这可怜的被征服者——其实被征服者正是入侵者，所以我们不妨说正义战争了邪恶——已牢牢困入一个银色的丝茧之中，这个茧不同于蚕茧，是一席悲凉的裹尸布。

如上汇总了我所收集的有关蜘蛛的一些重要事实，但蜘蛛世界于我仍是一个所知甚少的神秘世界。虽然新的蜘蛛品种不断被发现，成页成页的蜘蛛名录不断更新、付印，但书上记载的关于蜘蛛的详细知识仍极为有限。因为不像蚂蚁、蜜蜂等社会性昆虫，很少有人对蜘蛛满怀热情与耐心，因此相关的观测与记录少得多。毕竟胡贝尔[①]和卢伯克[②]多见，而莫格里奇[③]少有。可如果稍加研究，这才华横溢、本领高强的自然之子便能引发不少深刻有趣的思索。比如，本能高度发达的某些蜘蛛品种何以遍布全球各地。其一是带有斑马条纹的跳蛛，它们会玩特殊的谋略，所谓特殊是针对其他蜘蛛而言。据说澳大利亚的野人在旷野上捕袋鼠时就是这么做的，在袋鼠视野范围内一动不动地站立，使袋鼠将其当作某种静物而放松警惕，然后每当袋鼠晃神的时候趁机向前挪几步。如此不断逼近，以至近到能投枪刺中袋鼠的距离。跳蛛捕苍蝇也使用同样的静止策略迷惑猎物，最后离得很近了便跳扑上去。其二是活板门蛛。其三是捕鱼蛛。捕鱼蛛在水面追捕猎

[①] 胡贝尔是瑞典盲人博物学家，近代养蜂是以他对蜜蜂的精密观察研究为基础，从有关饲养方法和摇蜜器的各种设计方案中发展而来的。——译者注
[②] 卢伯克（1842—1874）是英国银行家、政治家、科学家，亦是出色的业余生物学家。——译者注
[③] 莫格里奇（1842—1874）是英国植物学家、昆虫学家，著作中有两卷与活板门蛛有关。——译者注

物的时候能够踩水而行，避敌的时候还会潜入水下。最厉害的是水下生活的水蜘蛛，它们的水底住宅透明闪亮如龙宫。泥瓦匠的建筑材料是砖石泥浆，水蜘蛛用的是空气泡泡，把气泡一个个搬运至水底搭建起一座水宫。它们在这里繁衍培育后代。如此奇巧繁复的本能自然是代代演化而来，问题在于这些虚弱无用的蜘蛛不会飞行，它们是如何跨越大洋大陆遍布全球的呢？唯一的解释就是它们是远古流传下来的生物。这些蜘蛛从出生不久就展露出高度发达的本能，血脉之古老可见一斑。

另一更重要的议题是蜘蛛的智力，至今没有获得应有的关注。昆虫的智力——博物学家一致认定昆虫具有相当的智力——是个很复杂的问题，也许我们已有的一些结论还需再经考察。比如，我们认为膜翅目昆虫是最具智慧的，因为大多数社会性昆虫都属于膜翅目。但并没有充分证据表明社会性本能是否是智力退化的结果，可能我们永远也无法证明。长时间观察昆虫的博物学家知道，许多独居昆虫展现出比群居品种更高的智慧，因此膜翅目的蚁类与蜂类并不一定比其他昆虫聪慧。

蜘蛛的食性以及捕食的困难决定它们一生不得不凄然独处：饥饿感、警觉心，以及危机意识使它们集胆怯与勇猛于一体，种种因素令它们无法像其他昆虫那样结成群体共同生活，也因此无法发展出类似人类社会的文明，但也正是这一切促使它们的心智高度发育，从而成为聪明的"野蛮人"。蜘蛛唯一的武器是螯针，用来抵御其他昆虫对手，防御效果之糟糕近似于人用牙齿和指甲对抗虎、狼、熊，甚至更糟，因为它们的天敌都有翅膀，会突然从空中俯冲下来，而且都配有无懈可击的甲胄与致命的毒刺。而蜘蛛和人一样，身体暴露在外且软弱无力，肌肉力量比起对手更是聊胜于无。蜘蛛与对手力量这般悬殊，这与人在自然界的处境是很相似的，蜘蛛还另有一点劣势，即它无法与同类结成互助对敌的同盟。与生俱来的本能完全不足以保护自己，蜘蛛之所以尚能自立于世靠的便是智慧。它们这股子灵气与蛛网大有关系，也许蛛网正是灵气的来由。蛛网是一种额外的辅助工具。让我们假想如下场景，想象一只像人的猴子或是一个树栖的人，他生来腰间就有一条长长的绳，既可以拖在身后，也可以卷起来带在身上。磕磕绊绊经历许多事故之后，他肯定能学着如何利用这条长绳，练习使他越来越得心应手，而这个利用工具的过程也间接开发了他的心智与潜能。最开始他只是借助绳子攀挂在树枝上，晃来荡去，就像猴子使用那条善抓握的尾巴。本事不断精进，到最后他学会了凭绳子逃脱敌人追捕，从树顶上安全落地，甚至从陡峭的悬崖上飞落。把绳子卷起来他可以铺张床躺上去，用绳子捆扎树枝他还能造个避难所。近身搏斗的时候可以用绳子缠住对手，捕猎的时候可以用绳子系成一个套索去套捕猎物。蜘蛛就是这样应用蛛网的，更发明出了上百种花式用法。一条条蛛丝从分散在各处的点汇集而成几何对称的蛛网，蜘蛛潜伏于枝叶遮蔽的网中央静候，网上一旦产生任何动静，不论远近都会通过蛛丝精确地传达给蜘蛛，就像电报信息通过电线传播，这一切不得不叫我们击节赞叹蜘蛛出神入化的"绳子大法"！丝网魔法帮助蜘蛛征服比自己更快更强的生物。蜘蛛还会调整蛛网，就像渔夫给渔网增加重量那样，在狂风大作的天气里蜘蛛用小石子与树枝压网固定。如果落网的猎物力量过大，超过蛛网承重，它们还懂得取舍，往往放弃猎物以保住蛛网。我们不禁怀疑，特殊的本能之外，蜘蛛更有某种理性在不断指引、修正、补充它的本能。也许有人会质疑，这些应对措施只是蜘蛛的本能反应，不过是比较复杂而已。但蜘蛛时时处处的行为都使用心的观察者坚信，它们行事是依循某种指导原则的，不仅仅只为本能驱动。原始人发现手握树枝或石头可以大大增加攻击的效力，从此在工具的应用中智力得以开发。蛛网之于蜘蛛也是如此，智慧的火花为一切动物生命所共有，而蛛网千变万化的用途使蜘蛛的智慧火花更加光芒四射。

第十五章／假死

THE DEATH-FEIGNING INSTINCT

15

动物界的假死现象我们都不陌生，甲壳类昆虫与蜘蛛的假死更是稀松平常。某些脊椎动物也有这种天赋。其实所谓昆虫假死很可能是由突发刺激而导致的暂时瘫痪。比如甲虫突然落地，便会出现短暂的假死状态，即便是它们自己主动飞落地面也不例外。有的物种高度敏感，最轻微的触碰或者突来的危险就会触发假死机制。奇怪的是，外界刺激使金龟子等动作迟缓的物种陷入昏迷，而在身手敏捷的物种身上却有截然不同的反应。捕食性甲虫受到刺激一溜烟就逃出了视线外，水甲虫则会在水面急速打转或作"Z"字型运动，速度快得让人眼花。我们潘帕斯这儿的长脚幽灵蛛见对手迫近，会把几对步足合起来吊在蛛网中央，身体高速旋转，就像是一架开动的旋转木马。

部分哺乳类动物与鸟类也具有假死本能，但我们并不认为导致脊椎动物与昆虫假死的直接原因一样。昆虫假死是强烈外部刺激的直接结果，就像植物因风吹雨打而动，似乎仅仅是物理反应。而哺乳动物和鸟类的假死并不直接由外界因素触发，而是经由强烈的内在情感启动的。

毒蛇、臭鼬，以及另外一些物种遭遇险情，会被危险激怒而全然不知害怕。但撇开这些例外，动物世界里普遍的反应是恐惧。恐惧感威力无穷，某些动物在极端恐惧之时会丧失行动能力。也许脊椎动物的假死本能（有假死本能的脊椎动物不多，且彼此间关联甚少）正是由恐惧导致的瘫痪、行动能力丧失慢慢发展而来，是自然选择缓慢累积的过程。

我知道一些动物因恐慌而"吓瘫"的例子。潘帕斯偏远地区的几个猎人给我讲过一只吓坏了的美洲虎的故事。他们追猎一只美洲虎，把它逼进了茂密的干芦苇丛里。虽然能看到美洲虎，却很难用套索把虎头套住。猎人们几次试着把美洲虎赶出芦苇丛都没成功，最后放了把火，想用烟火逼它出来。谁知美洲虎还是毫无反应，仍旧不为所动趴在芦苇丛中，只是昂着虎头，一双虎眼穿过火焰对他们怒目而视。最终滚滚黑烟吞没了美洲虎，火灭之后他们在原地找到了焦黑一片的尸体。

潘帕斯的高乔人捕捉黑颈天鹅也总是用吓唬的招式。看到天鹅在草地进食或休息，骑马的两三个人悄悄绕到与它们正面相对的地方。然后突然策马而起，全速奔天鹅群而去，并辅以大声吼叫。天鹅被这阵仗吓得灵魂出窍，飞都飞不起来了，很快就被制服。

我还见过高乔男孩捉银嘴雀。先朝它扔木棍、石头，再冲过去，银嘴雀一时间怕得不知所措，呆立原地，束手就擒。我自己也曾用同样的方法捉到过一只其他品种的鸟儿。

哺乳动物里我们的潘帕斯狐和南美负鼠竟也假死，倒真叫人不解。明明这两种动物身强力壮，凶猛异常，尖利的牙齿能重创敌人，既然如此它们何必用装死的方式来自保呢？假死显然更适合行动力差的弱小生物以及低等动物。狐狸如果被兽夹夹住，或被猎狗追捕，它先是拼命抵抗，但渐渐力不从心，然后扑通倒地，看上去完全是断了气的模样。这套戏狐狸做得很高明，猎狗总难免上当。以前没接触过这巧妙把戏的人准会立刻宣布狐狸已死，并且还要褒扬它拼死反抗的精神。我确信在假死状态下的动物并没有完全丧失意识。虽然在假死的负鼠身上几乎找不到任何生命迹象，但假死的狐狸却露馅了。只要耐心仔细瞧着，没准就能看到它偷偷摸摸眯开眼睛。如果最后人走掉，不管它了的话，它可不像那些真的从昏迷状态恢复过来的动物那样苏醒后马上站起来，而是先慢慢地小心翼翼地抬起头来，确认敌人在安全距离以外才起身。不过我也见过冷血的高乔人对捉来的假死狐狸施以极野蛮的实验，而狐狸受到如此虐待竟能纹丝不动，丝毫没有还活着的证据。这着实让我困惑，因为如果假死只是一种实用的防御机制，狐狸又是怎么经受住那样残忍的折磨，连眼睛都不眨一下？唯一的解释是，虽然它起身等一系列表现说明假死时并没有全然失去意识，但极端的恐惧使它的身体陷入了近似死亡的麻木状态，这种状态之下是感知不到任何疼痛的。

实际上在和敌人接触前，甚至当刺激源还在较远的距离外时，动物的假死机制就已经启动。有一回我和一高乔人一同骑马，看到前方开阔的平地上呆立着一只未成年的狐狸，它眼看着我们不断靠近，突然倒了下去。等我们赶到，发现它直挺挺躺在地上，眼睛闭着，俨然一副死相。我的伙伴说这种事儿他早已见过好几回了，在我们上路前，他扬起马鞭对着小狐狸狠狠一顿抽，小狐狸也毫无反应。

假死也见于潘帕斯的斑拟鹂。被抓后它先一通挣扎要逃，逃跑无果后垂下头，大喘气两三口后顿时失去所有生命迹象。可如果这时你松开手来，斑拟鹂马上眼一睁，只听得翅膀一阵扑腾，还没等你反应过来，它已飞走了，永远逃离了你的掌心，速度快得令人咋舌。也许在你抓着它的时候它的确是神志不清的，不过它清醒过来的速度也是很快的。有时候抓到手的鸟儿真就死在了手里，是活活给吓死的。斑拟鹂胆怯之极，当被追赶——高乔男孩总是骑着马追它们——又找不到可以躲藏的洞穴或灌木丛时，它们就直接从天空掉到地上摔死了。所以很可能当它们在捕鸟人手上假死的时候，其实离真死也不远了。

第十六章 / 蜂鸟

HUMMING-BIRDS

16

蜂鸟之美丽动人也许冠绝自然界，多少知名作家穷尽笔力去描绘它的风流，最后不过徒然一场。写作者描摹完热带繁茂的花草植被，总抵挡不住诱惑要写一写花草间瑰宝一般的蜂鸟。其实最明智的应是向某位谦虚的小说家学习，当无与伦比的女主人公出场时，他干脆在书里留白一块以代替文字描述。说了那么多，当你第一眼看到活生生的蜂鸟，那与众不同的美将如天启般叩开灵魂之门。企图用文字精确还原蜂鸟之美，结果恐怕就如同集一瓶阳光，带着瓶子越过大西洋，然后将一瓶子四射的光芒挥洒在英格兰大地上。

许多不曾亲眼目睹蜂鸟风采的人一定会以为看看古尔德[①]的画就能八九不离十想象出蜂鸟的样子，但古尔德的画，再现的是死的蜂鸟。单从鸟类肖像的角度来说，画死的知更鸟和画活的知更鸟没什么分别，甚至对于其他羽色更鲜亮的鸟儿，只要它们不像蜂鸟那样飞行，也是死的和活的差别不大。至于蝴蝶，一般来说，想要一窥它们美的全貌，更是非等它们死了不可，或至少得让人抓到才能看到。华莱士发现红鸟翼凤蝶的美并不是在它翩翩飞行之时，而是被抓到手里，翻开那对美艳的翅膀时。而蜂鸟不同寻常的美，那让初见之人恍如受天启一般的美，既在于珠光宝气的羽衣，亦在于急速奇特的飞行，是两者结合而成。

当蜂鸟扇动翅膀，它迷你精巧的身体似乎悬浮于雾一样朦胧的翅影上，珊瑚质感的长嘴吸食着花蜜，扇形的尾巴张开，展示五彩色泽。一眨眼它就消失在花丛里了，再一眨眼又从另一朵花上冒出来，而冒出来又是为着下一刻的消失不见。如此不停出现又消失，产生了让人捉摸不定的美感，就像萤火虫一闪一灭，更有一种轻灵的优雅与可爱，无法描述。这般耀眼的美丽随着蜂鸟死亡也一同消亡，其实只要蜂鸟落在树枝上栖停，这美丽就一并停滞了。静止的蜂鸟就像一只迷你的翠鸟，没有翠鸟好看的羽色，姿态却像翠鸟一样呆板僵硬。没有哪位艺术家艺高人胆大敢于描绘蜂鸟的真实样子，画它悬停在花边，翅膀因急速拍动而难

[①] 古尔德（1804—1881）是英国鸟类学家，艺术家。曾出版许多鸟类学专著，书中插图都由他和妻子及其他艺术家完成。古尔德被认为是澳大利亚鸟类研究之父，其著作还被达尔文的《物种起源》引用。——译者注

辨其形，化为一团迷雾环在身边。影影绰绰一团云般的翅膀托举着蜂鸟闪闪发亮的身体，也正是这朦胧迷离赋予了蜂鸟精灵般的或者说超自然的美感。所以那些画鸟的艺术家们非要执着于刻画展翅飞行的蜂鸟，是多么不可理喻呀！如果单纯画静态的蜂鸟，僵直地停在树上，虽然画出来不好看但至少是真实的再现。

再说羽色，蜂鸟鳞状的羽毛闪耀着热烈的色彩，这色彩是变动的，在光线下时时明灭变幻。而古尔德似乎认为这些区区困难不成问题。他自信新发明的画法可以解决颜色的难题，这方法也许可再现乌鸦的黑色羽毛，能描画一种比较粗糙的金属色反光，却无法表现蜂鸟耀眼夺目的羽衣。就像园蛛所织的银丝网，蛛网上镶嵌着晶莹的露珠又反照着彩虹的颜色，艺术从来也永远不能描摹这样的美好。

埃弗拉德·特恩[①]也是近来一批蜂鸟观察者中的一员，在他关于英属圭亚那的著作里有这样一段话论及蜂鸟羽色："在同一时刻眼睛几乎只能看到蜂鸟身上的一个色点，因为每个色点皆由于来自特定角度的光线照射而闪亮。要真正在画纸上再现蜂鸟，应把它全身羽毛处理为黯淡的颜色，其中唯有一点是鲜亮的，即画图角度观察到的某一束光线投射于蜂鸟身上的那一点。有时候在灌木花丛周围围着一圈采蜜的蜂鸟，像一圈彩云，它们都属同一品种，每一只都处于不同的方位。如果能画出这幅场景，按照蜂鸟所在的不同位置表现每只蜂鸟不同部位的一点羽色，那么也许没有亲眼见过蜂鸟的看画人就能据此对蜂鸟有个相对确切的印象。"

基本可以断定没有人会采纳上述建议，弄一本宽三四米、长约5m的蜂鸟画册，每页都画一种蜂鸟，十几只一起云一般绕在灌木丛边上扇翅膀。就算真有人付诸实践，画出来的蜂鸟翅膀也必定会固定在一个生硬的角度上，而不是现实中所见雾蒙蒙的一个半圆，并且从每只蜂鸟暗色的羽毛上凸显出来一块色斑，这样的画法也不比老画法高明多少。

蜂鸟科成员一身斑斓的装束，在达尔文看来是有意识或自发的选择，而

[①] 埃弗拉德·特恩（1852—1932）是英国作家、探险家、植物学家与摄影家，曾在多处英国殖民地任总督。——译者注

A. R. 华莱士博士①则坚持认为这只是旺盛生命力的表达。至于事实究竟如何，至今还没有令人满意的科学答案。或许真相与我们所知的完全相反，蜂鸟朝着丰富色彩与华丽装饰的方向演进，可能继承自它们远古的先祖。也许它们的先祖存活于地球历史某个遥远的纪元，是一种身材迷你、体型怪异、颜色艳丽的爬行动物，会飞且有着树栖习性。有理论认为所有鸟类皆源出于同一类爬行动物，这无论如何不能成立。关于蜂鸟在生物分类学中的确切位置尚无定论，因为它们与其他物种之间不存在任何过渡形态。在一般人看来，蜂鸟与其他鸟类毫无相似之处，二者的区别就像鸽子与鸵鸟的区别那么大。有作者认为蜂鸟解剖结构与褐雨燕相近，也许有亲缘关系，但两者其他方面差别之大又动摇了这种看法。近来舒菲尔特博士成了这方面的权威，他的结论是褐雨燕是进化了的燕雀亚目鸟类，而蜂鸟应当自成一目。

在我们欣赏过蜂鸟举世无双的美艳，惊叹过它们飞行的速度后，就没有什么值得一提的事了。它们美得赏心悦目，美得言语难以形容，难怪古尔德如痴如醉地写下"终于得见自然状态下的蜂鸟，沉浸在狂喜之中"。他写到，那是见到造物神迹的感觉，文字无力描述，却使他充满力量，且唯有博物学的研究者可以感同身受，因为博物学家"满怀激情与喜悦探寻大自然的奥秘"。话说到这儿我们还能理解，但是古尔德狂热到了什么地步呢？他说人的热情、激情总会随着时间淡去乃至褪尽，但又立刻补充，"我认为研究蜂鸟科鸟类的人却能激情永葆"！古尔德是把博物学当成了"关于死亡动物的科学——一份死者名录"，同古罗马钱币、鸟蛋、古兵器、瓷器等物的收藏家一样，随着自己的藏品日益丰富，更越发狂热地去追寻，越发坚信这项事业的重要性。到最后他们甚至认为别人的追求与热忱早晚会荡然无存，唯独自己的激情能长盛不衰。

研究习性的鸟类学家所得的是一种更为理性的快乐，这快乐很大程度上来自

---

① A. R. 华莱士（1823—1913）英国博物学家、探险家、地理学家、人类学家与生物学家，因独自创立"自然选择"理论而著名。在动植物地理分布研究方面贡献巨大，有"生物地理学之父"之称。——译者注

于鸟类的行为及其中蕴含的智慧。不论这位研究者对于鸟类本能抱持何等理论或信念，甚至对所有理论都有点怀疑，但他坚信一定是智慧指导着鸟类的生存，是智慧不断补充、修正鸟类的习性以使其与环境能更加和谐地共处，也是智慧使鸟类作出判断、习得经验，从而调整各种行为，正是这些行为使鸟类的每一天都是崭新而充满活力的。这是智慧的功劳，而非本能的作用。观察某个品种或某个个体的时间越长，收获越多。但观察蜂鸟却没有这样的回报，因为蜂鸟虽有鸟的身体却无鸟的头脑。因美丽而产生的愉悦感很快就没了，因为它们的行为单调机械，乏善可陈，即使那些最熟悉蜂鸟的观察者也数不出什么新东西来。对于研究鸟类习性的人而言，20只不同品种的蜂鸟还不如一只常驻花园或溪边不起眼的小鸟花样更多。人也如此，一个人如果长得俊俏风流却平庸无聊，那么其吸引力无法持久，这类人没有平凡但有趣的人可爱。蜂鸟永远仙子般跳着空灵的芭蕾舞，看久了便腻味，再去看小雀、鹩鹟、小鹟这样的平凡小鸟儿简直是解脱，虽然它们的羽毛是黯淡的保护色，脾性也很羞怯。这些小鸟身形优雅，嗓音婉转，很有一番审美意味，但即便没有美感享受，持续观察它们也能让观察者的兴致越来越浓。而被观察的小鸟其实也出于好奇与怀疑在反观着它的观察者，它故意藏起许多观察者急于了解的小秘密，不让他们轻易得逞。这种反侦察技术更让观察别有趣味。

常有人认为比起鸟类，蜂鸟的习性与昆虫更为接近。有些品种的蜂鸟离开栖木后，会像蜜蜂一样围着树飞上好多圈再飞走。对任何接近它们或只是飞过的其他物种，蜂鸟并不考虑敌我力量，一律施以打击，甚至还会攻击鸽子和鹰隼这类大鸟，这点与许多独居的蛀木蜂一样。它们还像蜻蜓和其他一些昆虫一样，在进食的时候攻击同类。同类对决的时候，又特别像一对蝴蝶，会绕着对方飞，也会垂直飞升至高空。进食或筑巢或孵蛋的时候，它们根本不关注周遭情况，这也和昆虫一样。蜂鸟甚至还像一些独居蜜蜂、黄蜂一样常常飞到行人或是站着的人身边，在人脸旁的空中悬停着，如果遭到驱赶，也和飞虫一样绕着人的头兜圈子。其他鸟类，即使是最迟钝的那些，即使在人烟稀少地区，也能辨认出这个直立形态的物体是活物，并产生警惕。在秘鲁观察蜂鸟的怀特利先生提到绿带尾蜂鸟在大风天气的飞行很有趣，它们要飞去远处的某地，但狂风吹在长长的尾羽上总把它们带偏方向。很多虫子也总在风中偏航，即使那些多风地区的虫子也学不会如何利用风向。我常看到蝴蝶要飞到远处的一朵花上，要么十几次被风刮偏后终于抵达，要么偏航多次最后放弃。而鸟类，除去经验不丰的幼鸟，都知道如何调整航向，懂得估量风力留出余地。蜂鸟还老是飞入敞开的屋子里，显然是让一股无知无畏的好奇心驱使着。进屋后被驱赶，最后飞累了落下来，或是被人打下来捉住，这时就如古尔德所说："如果把它们抓在手里，它们马上就冰释前嫌，瞬间忘记刚才逃命时的惊险，毫无顾忌地吃起喂它们的甜食，或吮吸喂它们的水。"同样的情况，如果黄蜂和蜜蜂被抓住，则会蜇人，许多人都遭遇过，它们还一刻不停挣扎着要逃跑。蜻蜓倒和蜂鸟一样，叫人抓住后早忘了之前的险情，只顾贪婪吞食喂给它们的苍蝇蚊子。只有非常低等的动物才这般目光短浅，不带理性，也没有感情，只知追求短期利益。蜂鸟对于危险的迟钝还表现在被捉入房间后，用不了一天就开始在捕它的人脸旁扑腾个不停，甚至还试图从他嘴唇上采蜜。

有些观察者认为蜂鸟的行为与熊蜂最像。我并不认同。贝茨写道："蜂鸟采蜜不像蜜蜂那样有条不紊，依次进行。它们只是胡乱地从一棵树飞到另一棵，随性而为。"我曾认真观察熊蜂，相信它们是社会性的膜翅目昆虫中最具智慧的一族。所以在我看来蜂鸟倒是更接近蜻蜓和独居的蛀木蜂。我们还必须注意，昆虫寿命短暂，成虫后大部分时间还得用来完成艰难的交配繁衍任务，一生中没有足够的时间积累经验、从经验中学习发展。

虽然蜂鸟的地理分布局限于美洲大陆，但种类之多远甚于其他科的鸟类，比雀和莺这样的世界公民种类还多。目前已知的蜂鸟超过五百种，欧洲大陆上所有鸟类加起来也才这么多。而且有足够理由相信还有许多蜂鸟品种不为人知，待发现的可能至少还有一两百种。蜂鸟分布最多、发育最好的地区据我们所知是在巴西西部，玻利维亚的东部坡地以及秘鲁的安第斯山区。这块地域正是南美洲最神秘的所在，人迹罕至。部分到过那儿的博物学家和采集者归来时无不收获满满，从他们口中我们得知那里的鸟类美艳至极，种类也极丰富。那块广袤的热带山林处女地包蕴着无穷无尽的未知与丰饶，而其中最令我们心驰神往的就是叉扇尾蜂鸟的故事。叉扇尾蜂鸟也许可以算是迄今所知的蜂鸟中顶尖绝妙的品种，没亲眼见过的人恐怕很难从别人的描述中想象出它的样子。画一幅它的素描，多数人看了会以为是一幅艺术设计草图，把鸟尾与两片树叶奇妙地组合在了一起。那"叶子"的大小和形状与杨树叶很像，只是"叶柄"特别长，扭曲着相互交叉形成了奇怪的几何形状，恐怕自然界再找不出第二个这样的。这种蜂鸟在半个世纪前的秘鲁首次被人捕到后（当时只捕到一只），往后20年间古尔德出高价50磅求一鸟而不得，此间再没有第二只出现，也没听闻任何相关消息。直到1880年，第二只叉扇尾蜂鸟才重现人间，施托尔茨曼是找到它的幸运者。

  新的品种不断被发现，蜂鸟名录越编越长，但除非随之而来也有生存习性与生理结构方面的发现，否则新品种已无法让人惊喜。与此同时我们也不再期待未知的蜂鸟品种可能存在某些关联，提示蜂鸟科与其他鸟类进化中的亲缘关系。最终也许只能得出如下结论，即蜂鸟家族是远古时代的一个独立分支，它们从古至今几乎没有任何的进化。在少数几个方面，蜂鸟科鸟类的变异远超其他科鸟类，除此以外蜂鸟似乎静止在了漫长的时间里，找不到任何显著的变化。有人根据细微的习性差异将蜂鸟科鸟类分为两个亚科：蜂鸟亚科与隐蜂鸟亚科。蜂鸟亚科包含大多数蜂鸟品种，好栖于空旷晴朗的地区。这个划分没有足够的依据，显得相当任意，毕竟两个亚科的蜂鸟飞行与进食习惯都相同，生殖习性也高度统一，鸟巢皆小而深，呈杯形或圆锥形，由质地柔软的材料筑成，巢里铺着碎叶。鸟蛋也都是白色的，一窝最多不超过两个。可以说这两个亚科的蜂鸟习性与生理构造十分接近，差别最大的两个种之间的差异恐怕还没有同种的两只麻雀或两只鹩鹩之间的差异大。二者唯一的区别在于隐蜂鸟以阴翳的树林为大本营，那里有花植物少，它们主要从叶子下获取食物。

  广袤的美洲大陆，从安第斯山脚到山上的永久雪线，从赤道的热带到严寒的麦哲伦海峡，到处有蜂鸟的踪影。而大多数蜂鸟品种有自己固定的、有限的栖息范围，不同种的蜂鸟各自生存于不同的自然环境里，习性与生理构造却高度一致，真不可思议。也正是基于此，华莱士博士认为蜂鸟是极为古老的生物。

如果新环境里没有相抗衡的天敌，或物种本身的力量足以应付新环境中的所有敌对因素，那么某物种或某种群就能轻松融入新环境，但该物种将失去可塑性或者停止遗传变异，因为在这种情况下显然已经没有进一步进化的必要。老的形式固定下来，从此不再变化。也许自然规律正是如此运作的。可以肯定，当其他鸟儿为生存苦苦挣扎、彼此争斗的时候，蜂鸟却凭着快速飞行的本事与独特的觅食方式遗世独立，远离竞争，就像生活在僻远之乡的野蛮人，绝不会经历拥挤社区里的生存竞争，但也恰恰是那种挣扎影响和塑造了文明人。蜂鸟与昆虫竞食，与同类相争，这些低强度的竞争也许只是强化了它们的独特性，并同时削弱了它们的智慧。

蜂鸟既不像其他科鸟类那样深陷生存竞争，同时因为独特的习性与无与伦比的飞行速度，也免遭其他小型鸟类所受的来自捕食性动物的压迫，猛兽、猛禽与其他凶险的爬行动物也伤不到它们。结果之一便是蜂鸟的数量极多，明明它们的繁衍速度很慢。如我们所见，蜂鸟一窝只产两个蛋，不仅如此，第二个鸟蛋的孵化常常落后第一个很久，以至于实际上真正孵化的只有一个蛋。据贝尔特在尼加拉瓜观察所得，那里蜂鸟的数量比所有其他鸟类的总和还多。而尼加拉瓜的鸟类种类与数量皆丰，多数还披有保护色，一窝生产好几个蛋。这么一来似乎很难接受贝尔特的观点，除非我们相信蜂鸟几乎没有天敌。

结果之二是蜂鸟没有压迫，于是，它们得以进化出耀眼的羽色和华丽的羽毛造型。在我看来，蜂鸟在羽色和羽毛上产生重重变异的原因，也正是抑制它们其他方面产生变异的原因。马丁很久以前就写过，大自然在蜂鸟的羽衣上拼尽了全力，自我陶醉于这无穷的变化之中。它们的行装是多么华丽，色彩如此丰富热烈，又是如此多变，每时每刻都变幻着不同的光影魔术！——一袭点了金粉的闪亮斗篷；祖母绿变成了天鹅绒黑；深深浅浅的宝石红与明明暗暗的绯红；古铜色因灼烧而明亮起来变成锃亮的黄铜色，浅灰色又点着了玫瑰色、丁香色的火焰。

七色光彩之外更有稀奇的羽饰，有的有球拍状的羽毛和毛茸茸的两颊，有的有特别的冠羽和颈羽，有的在雪白色的前胸燃烧着蓝宝石般的斑纹，有的尾羽如火焰，最奇特的一种冠羽尖尖长长如兽角、山羊般的鸟脸上布满花斑还拖着白色的胡须。

　　至于其他鸟类，因保护色的需求，羽衣和羽饰上的变异少之又少。只有极少数强大的鸟类不需要保护色的护佑。鲜亮的羽衣意味着双重危险，它使鸟儿特别招眼，就如蝴蝶吸蜜总是挑最鲜艳的花朵，鹰隼等猛禽也会从暗淡的群鸟中挑选羽衣最亮眼的那只下手。不过，猛禽倒不会白费力气去追逐蜂鸟。蜂鸟似乎是中立国的公民，隔绝了战争的硝烟。它肆意妄为，不分对手是强是弱都敢寻衅滋事，又极力炫耀身上的一袭华衣，可谁也奈何不了它。世上其他大小生灵，或强或弱，所求的是低调平安，唯独大自然的宠儿蜂鸟天生艳丽，可谓造化之奇迹。

第十七章／冠叫鴨

THE CRESTED SCREAMER

17

伦敦动物园里饲养的世界名鸟之中有来自南美的冠叫鸭。从许多方面来看，冠叫鸭都称得上是奇异物种。它体型巨大，力量超群，态度庄严，驯化后又出奇的温顺聪慧，这番特性使百鸟之中的冠叫鸭，与百兽之中的大象颇有几分相似。粗略描绘一下冠叫鸭的外形：大小与天鹅差不多，形似麦鸡，鸟喙则比鸡类更弯曲，也更有力；鸟冠尖长，颈部有一圈黑色纹饰，羽衣呈浅灰蓝色，腿部与眼周裸露的皮肤则是亮红色。不论雄鸟雌鸟，双翅各长有两个凶狠的距。一个长在翅膀第二个关节处，近4cm长，几乎笔直外伸，三角形，极为尖锐；另一个长在最后一个关节上，小一些，较宽且有曲度，形状和大小都有点像狮爪上的刺。更怪的还在后头，冠叫鸭的皮肤是"气肿"式的，即是充气而丰盈的，状态会随着压力变化，触碰上去会啪啪作响。如果把毛拔了，表皮鼓鼓的，还有一些泡泡。它们皮下有一层遍布全身的空气泡，连腿部和脚趾的格纹状角质层下也有气泡，所以冠叫鸭的腿看起来有点笨重。

再简单说说动物分类学中冠叫鸭的归属。冠叫鸭归于叫鸭科，此科下共有三种叫鸭。而至于叫鸭科又该归属于哪个目则一直争议不断。它曾与秧鸡分在一起，当前许多流行的博物学书籍中还保留着这种分类。但帕克教授认为："秧鸡部落，长久以来混进了不少冒牌兵。哪个家伙要是不幸生了一对粗笨的大脚就立刻被划分进这一懦弱又愚蠢的群体。搞得秧鸡科下杂七杂八什么鸟儿都有，彼此之间鸣声、仪态、习性完全没有相同之处。"帕克教授把叫鸭抽离出来，与鹅分到一起（赫胥黎教授也是如此归类的），并以这番话为他的研究作结："现存鸟类之中，没有比叫鸭更特别更有趣的了。就我所知，在某些关键之处，叫鸭是与蜥蜴最接近的鸟类，部分构造也显示叫鸭可能是与始祖鸟亲缘关系最近的现代生物之一。"始祖鸟[①]是侏罗纪晚期鸟类与爬行类之间的过渡形态。

[①] 始祖鸟，是一种生活在侏罗纪晚期的古代生物，名字是古希腊文中"古代羽毛"或"古代翅膀"的意思，最开始被认为是鸟类的祖先。始祖鸟头部像鸟，有爪和翅膀，稍能飞行，有牙齿，与爬行动物近似，尾巴很长，现在普遍认为是爬行动物到鸟类的中间类型，但仍属于恐龙。——译者注

叫鸭与鹅归在一起的合法性也有人质疑。已过世的加罗德教授认为："从鸟羽分布、内脏解剖、肌肉和骨骼系统看，叫鸭与鹅不怎么相似。"加罗德教授觉得叫鸭的某些特征更接近鸵鸟和美洲鸵，他的结论是："综上而言，我认为与其他几个主要的鸟科一样，叫鸭也是同一时期从原始鸟类中分离出来的一个独立分支。"他进一步说明，这个分离的时期正是古代陆地鸟大分化的时期。那时部分进化出翅膀的鸟类入侵原已划定的领地，新一轮的生存竞争启动，因此在自然选择机制运作下又发展出了许多新的生物特质。

我的研究并不涉及古生物，只能引述以上权威意见证明叫鸭似乎是一个远古鸟族的最后"传人"，与其他现有鸟类之间几乎没有任何亲缘关系，它们的家谱早已遗失在了上古的漫漫黑夜里。那么就由我来讲讲在这个可见的现实世界里的叫鸭，以"非科学"的角度讲讲一个自然爱好者眼里的它们。虽然解剖学专家在这"比陆还宽比海更深的生物学领域"孜孜不倦地寻找叫鸭的亲缘，却鲜有旅行者与鸟类学家谈及它们的奇妙之处。

尽管像极了打扮沉闷的贵格会①教士，也不如天鹅与孔雀优雅非凡，叫鸭却比所有其他鸟类更符合人的审美情趣。它的鸣声是一大优势，大概能从命名②中看出些许端倪。其实命名并不确切，冠叫鸭确实有尖利的鸣叫，叫得比孔雀还响，但尖叫只是受惊时偶尔为之，是警鸣。夜间或是白天如云雀般飞行时的鸣叫，便是一种鸣唱，而不是它们名字所提示的尖叫。我穿过摄政公园③时能听到冠叫鸭高亢的歌声，那歌声冲破鹤群的合唱，超越老鹰与鹦鹉的凄鸣，也压过狗、狼的嚎叫与狮子的低吼，回荡在公园的角角落落。但我听了只觉得悲伤。高贵的歌者惨遭放逐，囚禁他乡，那歌声里早没有了欢悦，英格兰潮湿的气候更使

---

① 贵格会是基督教新教的一个派别，由英国人乔治·福克斯在17世纪初创立，具有神秘主义的特色。——译者注
② 叫鸭英文名是Screamer，意为尖叫者。——译者注
③ 摄政公园是英国伦敦第二大公园，位于伦敦西区。16世纪时此地曾是皇家狩猎森林，19世纪初由约翰·纳什在这里为摄政王设计行宫，后开放为公园。——译者注

它嗓音嘶哑。它的歌声再也不像在故土时那么悠长清亮有如弦乐,只是急匆匆的几嗓子尖锐之声,似乎怯于一展歌喉。云雀在晴日长空的高歌,与在伦敦街边阴沉的墙上挂着的鸟笼里歌唱绝不相同;街边歌手在笼中扑腾出的是一片尖利刺耳,到了万里碧空唱响的则是自由之歌,天籁般充满天际。摄政公园与潘帕斯两地冠叫鸭的曲调更是天差地别。在潘帕斯,它们扶摇直上,越飞越高,最后庞大的身躯消失在云霄,歌声从天而降,如一场好雨爽快地一泻千里。

所以"尖叫者"是个误称,我更喜欢用当地方言的叫法来称呼它们"查查"或"查卡",拼写也容易。

查卡恪守一夫一妻制,不管鸟群多大,它们总是忠贞地两两相伴。一鸟起鸣,配偶便即刻加入,但音色却截然不同。二鸟都有短促而深邃的调子,雌鸟还另外会唱悠长有力的音调,中间夹带着颤音,但雄鸟极富穿透力的清亮之音总是能传很远,且尾音饱满纯净。雌雄鸟之歌如此和谐,不像二重唱,而更接近贝斯、女低音和女高音的三重和鸣。

如果环境适宜,有时查卡会大规模聚集,达到几千只的规模。它们集合起来常常会举行大合唱,总在夜里唱唱停停——夜里倒并不边飞边唱,高乔人叫它们"计时鸟";因为第一曲始于九点左右,第二曲在午夜时分,第三曲则在拂晓以前,具体的时刻各地不同。

我曾与一队高乔人同行,将近午夜,四下漆黑。突然间前方几只查卡的歌声破开寂静,这才知道是行到了水边,正好饮马醒神。来到河边发现水已近干涸,骑马下去发现河床上只残留一股细细的溪水蜿蜒着。就在此时,上千只查卡的尖叫声响起,是突来的旅人惊到了它们,接着又停了,安静下去。随后听到一阵翅膀的强力拍腾,鸟群集体飞走了。它们飞出几百米后又落下,在那儿,午夜庄严的大合唱迸发了,回音传遍方圆几千米的平原上。

一大群查卡齐鸣,壮丽的旋律里含某种震撼人心的神秘力量。我虽自小就听惯了它们的声音,但每当庞大的查卡鸟群集在一起创造出各式新鲜的音乐效果,总能让我惊喜不已。有一年的夏日我独自行走在路上,在正午时刻来到了潘帕斯一个叫喀凯尔的湖边，浅浅窄窄的一片水，一眼就能望到头。沿着水边栖着数不清的查卡鸟，但一群一群分得很清楚，鸟群与鸟群之间边界分明，平均每群大约有500只查卡。可能是周边平原气候干旱，把它们逼到了湖边，它们似乎包围了这儿的整圈湖岸。过了会儿，我近旁的那群查卡唱起了歌，响亮的吟唱持续了三四分钟之久。这一群唱完后，旁边那群接过了棒，它们结束后在旁边那群又开嗓了。如此一群接一群唱过去，慢慢绕到了湖对岸，歌声从对岸传来，稳健地飞越湖面，清晰地穿入耳中，飘开去，渐弱下去。再后来，歌声又从对岸绕回来，离我越来越近。查卡的合唱比赛安排得井然有序，没有无序地一哄而上，每一群都耐心等待上一群谢幕再开始，一群接一群按顺序唱开去。多么奇妙啊！还有一次更让我惊叹，那次是我所见的最"鸟多势众"的一次查卡大合唱。那是在潘帕斯南部一个叫瓜利乔的地方，日落前，我已在一片湿地平原上骑行了一小时。正是旱情最盛的时候，草丛间勉强还有几片单薄的静水。目之所及整块平原上无处不是查卡，但不是彼此紧紧相挨，而是两两成双或三五成群地分散在各处。在这荒郊野外有一处棚屋，住着户高乔人家，我就留在他们家过夜。屋外被查卡包围，看着就和家禽一样温顺，我走出去找牧马的草地，它们也不飞开，只是退开几步让路。九点左右我们开始了晚餐，就在此时查卡的大合唱也爆发了。方圆几千米湿地上的查卡鸟一齐唱响晚歌，声势浩大。笔墨无以描绘这样宏伟的声浪，但读者不妨想象在荒寂平原上一个无声的黑夜里，突然间几十万个声音同时响起，每一个声音都比摄政公园里那只查卡的声音嘹亮铿锵。声音之洪亮胜于怒浪拍打礁石，但奇怪的是，在这样的强音里我还能听辨出几百个甚至几千个个体的声音。我早已忘了吃饭，呆坐着聆听，心中满是敬畏。只觉得空气在声音的暴风雨中震颤，我们所在的小小棚屋也随之震颤。合唱停了，主人微微一笑："先生，我们已经习惯了，每晚都有这样的音乐会。"能听到这音乐会使我感到这么远的骑行很值。但这查卡平原的壮景恐怕只是过渡时期，如今大鸟得以如此大规模群集的各项条件正迅速消逝。本来在荒野上，查卡主要靠水生植物的叶子与种子维生。自从潘帕斯的广阔草原上有人定居后，古老原生的硬质草地植物被柔软的苜蓿与欧洲草种取代，查卡鸟很喜欢新食物。当时其他因素也利于查卡繁衍，其数量不断增加。而且虽然查卡肉质与大雁一般鲜美，当地人却不吃它，所以没有猎杀。但如今外来的高级文明正在改变这一切：平原上涌来大量移民，特别是意大利人，他们是所有鸟类的冷酷终结者，是鸟类的噩运。

查卡与云雀一样，喜欢边飞升边高歌。越飞越高，最终那庞大的暗色身躯缩小成蓝天上飘浮的一个小点，甚至全然消失于视线之外，此时的歌声从万里云霄传来，让天地缩短了距离，洗去了尘俗，变得空灵如天籁，妙不可言。

关于查卡有一点很奇怪，如此粗笨的身体，只配了一对翅展不到2m的翅膀，却能与鹰隼一样轻轻松松直上青天。而即使是翅力强劲如秃鹰，一般也是生活所迫才直入长空，如果仓廪充足，它们并不享受"登云梯入天宫"。查卡不同，在草地上饱餐一顿后飞天入云，这于它们是饭后消遣。查卡乐于此道，碰上冬春两季的晴暖天气，它们一天中大部分时间都在碧空遨游。地面上的查卡鸟神态凝重，行动庄严有度，起飞时要付出大力气，使劲拍动翅膀，有如狂风大作。当飞到一定高度才像鹰隼那样盘旋上升，渐渐姿态越来越轻盈，每一圈都愈发优雅。起飞时如此费力，后来却轻松华丽，我想只能这样解释：飞到高处空气轻，皮下的气泡层充入更轻的气体，使沉重的躯体与过短的翅膀能在高空自在自得。大鸟一飞冲天时皆气魄惊人，而查卡鸟飞天更加摄人心魄，因为它们飞升的时候既有动听的鸣音相随，又有自我陶醉于力量与自由的狂喜之态。

我还曾在雷雨天气遇到过一对行为奇异的查卡夫妇。那天天气闷热，抬头看到厚密的黑云快速游移，遮蔽了天空。离我百米远处站着一对查卡鸟，显然也在兴致勃勃地看着风雨来袭。很快云脚爬到了太阳上，地面蒙盖上黄昏的那种沉郁。在太阳消失于云层的那一刻，二鸟展翅飞天，稍后便传来悠长响亮的歌。那时雷声轰轰，豁亮的闪电时不时劈开头顶的黑云。我看着它们飞翔，听着它们歌唱。突然间它们飞入云层，失去了影踪，同时歌声也变得含混起来，似乎来自很远的远方。黑云里闪电频频，而两只鸟一直没有现身。过了六七分钟，突然鸟鸣声又变大了，在闷雷之上清晰可闻。我想大概这时它们已穿过雨云，飞入高空了。这对查卡的不惧风雨完全在我意料之外,因为一般来说,飞行中的鸟儿对暴风雨总是避之不及的,要么提前一步飞走,要么落到地面躲避。

如果查卡鸟从小就与人一同生活,就必然出落得温顺可亲,产生对人的依赖,再不愿回到野外过自由的生活。布宜诺斯艾利斯西部边陲有个叫曼格鲁罗的庄园就养了一只查卡,那家人绘声绘色给我讲述了它的故事。养在他家的是只雄查卡鸟,原主人是40km外的边远小村里一个士兵的妻子。在我来到曼格鲁罗庄园见到它时,它已在此度过四年时光。四年前印第安人侵入边陲的定居点,方圆十数千米内的庄园都惨遭劫掠。在那以后的几周里,这只流离失所的查卡鸟四处游荡,遍访烧毁的庄园,显然是在寻找人迹。它最后来到了幸免于难的曼格鲁罗庄园,这里没被烧掉,也还有人住,便留了下来。这只查卡性格温顺,白天和家禽混在一起,夜间跟它们上树休息。一般野生查卡都是在地面休息,所以它可能是因为怕孤单才和家禽一同栖息。这只鸟对园里所有人都友好礼貌,但有个雇农从一开始就不招它待见。它对那人充满敌意,又是拍着翅膀威胁,又是气鼓鼓地嘘他,活像一只愤怒的大鹅。大家觉得可能是雇农皮肤晒得黝黑,脸上光滑无毛,所以查卡误以为他和那些毁了自己家园的印第安人是一伙的。

屋子近旁有片浅水,从来都没干涸过,常有成群的野查卡鸟飞来这里。每次来了一群查卡,庄园里这只驯顺的查卡总想要加入同胞的队伍。查卡虽翅上配有凶残的武器,却天生脾气温和,少有争吵。但不知怎的飞来的查卡鸟总是免不了怒气冲冲攻击这只来套近乎的查卡,非不依不饶地把家养查卡赶到另一头的家畜场才了事。大概野查卡是把这与人朝夕相处的鸟当成了叛徒,所以心怀憎恨。

这只查卡来庄园后不久,大家就发现它总是与几窝小鸡仔寸步不离,显然很关心它们的情况,甚至想尽办法诱导小鸡仔跟着自己行动。后来干脆做个实验,把几只新孵出的小鸡交给它带。它马上欣然接管,神色间满是得意,它带小鸡觅食,还像模像样地学做母鸡的种种行为。大家看这个小鸡保姆称职,便让它带了更多小鸡仔。似乎养子越多,它就越发高兴。一只大鸟身后跟着三四十只毛茸茸的小黄球,它每走一步都慢腾腾的、小心翼翼,唯恐踩到。猫狗若是靠近,它便气冲冲地鼓起身子，一副戒备状态，真是颇有意思。

驯化的查卡聪明温顺又依赖人，也许经过人工培育还能开发出许多其他潜能，所以它们很适宜也很应该被人保护起来，否则必然灭绝。悲哀的是，所有驯化的动物都是从远古时代生存至今的，我们习惯于把古代等同于黑暗野蛮，而所谓的现代人类文明对于动物生命而言却意味着末日降临。全球各地的动物大屠杀正全速推进，我们却束手无策。从澳大利亚到南北美洲，我们到处搜寻可驯化的新物种，却徒劳无功。在非洲，那么丰富的高级哺乳动物资源，我们也不去保护。甚至面对大象尊贵纯正的品格，斑马与众不同的美，我们都无动于衷。我们倾力为之的只是教导这片绵延大陆上的原始部落去消灭上百种无法驯化的高贵物种。我们的国家竟成了一家制造谋杀引擎的大工厂，拼命把谋杀机器塞到"原始人"和"半原始人"手里，以确保动物王国里的精英公民迅速灭绝，真令人觉得悲伤又羞耻，失望透顶。

第十八章／䴓雀科

THE WOODHEWER FAMILY

18

南美旋木雀，又称砍林鸟或鹪雀，虽只生活于南美洲，分布却由南至北覆盖了整片大陆，从墨西哥南部到麦哲伦海峡附近的岛屿上都有它们的踪影。鹪雀是燕雀亚目下最繁盛的一科，目前知道至少有46个属，290多种。多数鹪雀体型小巧、不醒目，常在灌木丛出没，性羞怯又喜躲藏。因此能得出这样的结论，即比起已知的其他科鸟类，鹪雀科的名录是当前最不完善的。大家的共识是拉普拉塔平原南部与巴塔哥尼亚高原北部的鸟类已经探索得差不多了，很难再有新发现，因为鸟儿在平原地带比在森林沼泽更容易暴露。这片地区的鹪雀我记录下来五种，但没有留存样本。据我所知，至今还没有人描述、命名过这几个品种。很可能在南美大陆的探索彻底完成前，还将陆陆续续发现新的鹪雀科鸟种，恐怕数量不会少。可除了分类学者从样本中得到的有关体型、羽色等一些琐碎如皮屑的知识，我们对于鹪雀的认知极为有限。不夸张地说，欧洲大陆上许多没什么名气也不怎么有趣的鸟种，其中任取一种，相关文献甚至比全体鹪雀科鸟类的信息还多。并且目前还没有有关鹪雀的专著面世，它们不受重视的原因是显而易见的。旧世界的鸟类专著作者对于异国他乡的鸟种及习性不甚了了，至多有些零碎知识，因而只着重论述在他们看来最重要的一些品种，即一些因色彩鲜艳惹眼而最为旅行者注意、名气最大的鸟儿。所以针对啄木鸟、咬鹃、蜂鸟、唐纳鹃、翠鸟、极乐鸟等一众靓丽的鸟儿出了一系列精彩又昂贵的专门性书籍。即便书中只有些地理分布、不同种类体型和斑纹变异等干巴巴的统计，精美的插图总能刺激出版商的兴趣。如今的鸟类图书流行配大量插图，画上的鸟儿色彩鲜亮，形象生动，活灵活现，几乎臻于完美。由此，姿色平平的鹪雀自然得不到画家青睐，而画家在一本带图专著中的地位无疑是神圣的。明艳的颜色固然赏心悦目，终究只能算低级魅力。我们对鹪雀科虽所知不少，但仅有的那些知识已足够证明它们天赋异禀，它们的个性远超过以上提及的那些缤纷艳丽的鸟类，对研习鸟类本能和心智的学生来说有着无穷的吸引力。

将来观察南美鸟类习性的人必定能从鹪雀这一科大获丰收，只需看看我收集整理的资料，虽然不多，也能大概知道这科鸟类是多么丰富多样。这次我将稍稍偏离本书一贯的写作方法——即以我本人见闻为主，辅以少量基于事实的推测，本章我将综合本人与其他在南美的鸟类观察者（包括阿萨拉、德奥比格尼、达尔文、布里奇斯、弗雷泽、莱奥托、高默、华莱士、贝茨、坎宁安、斯托尔兹曼、叶利斯基、邓福德、吉布森、伯罗斯、德林、怀特等）所得，尽可能提供全面的介绍。

䴕雀科作为燕雀亚目下品类如此繁盛的一支，旗下成员竟像穿了制服似的，鸟羽颜色极为一致，都是棕色系，鲜有例外。虽没有鲜亮的颜色、闪耀的金属色泽，有几个品种里也能看到少许亮色调。䴕雀科鸟儿彼此羽色虽相近，但如果看一组包含不同品种的样本集，会发现它们身体结构各异，差异巨大，呈现出惊人的多样性，使人无法相信它们竟属于同一科鸟类，当然专业的鸟类学家除外。䴕雀科鸟类的体型各式各样，小的比金冠鹪鹩还小，大的比丘鸫更大。而䴕雀身材的差异比起它们鸟喙形状的差异就不算什么了。针尾雀外形与习性都酷似山雀，鸟喙较直呈圆锥形，与山雀的一样；长嘴䴕雀的喙很长，剑一般；纵纹䴕雀的则极为细长。同科不同种的各色䴕雀喙形各不相同，天差地别，这种情况在其他科很少见。在两个极端之间还有着一系列花样百出的鸟嘴，有像贴行鸟的、五子雀的，有像霸鹟、啄木鸟、乌鸦的，甚至还有像杓鹬和像朱鹭的。相应地，它们的腿脚和尾巴也有区别。各种长度和形状的尾巴都有，软的、硬的、平的、尖的、宽的、扇形的、细如刺一般的。还有不少尾巴与啄木鸟的一样，用途也一样，都是在攀爬树干的时候为躯体提供支撑。其中有一种（Sittosoma）造型特别奇怪，尾羽长而有层次，末端的羽轴伸出羽瓣，朝下弯曲，呈坚硬的钩状。目前有关该鸟习性的唯一描述是它们会攀爬树干，所以结合这一点，其钩状羽端的作用很可能是使它们在垂直爬上爬下时更加便捷，捉虫时能稳稳地停在树干上。另一奇特的尾部变异则见于阿根廷线尾雀，它也是该属唯一的鸟种，一种长得与鹪鹩很像的小鸟。阿根廷线尾雀的尾部构造与琴鸟类似，尾羽极其细长，看上去似乎是尾部抽出一根根光秃秃的羽轴，没有羽瓣。这样的尾巴似乎是纯装饰性的。

从䴕雀科不同鸟种的身体结构差异之大可知，它们习性上的差异也必定很显著。习性改变导致生理结构改变，假如这是规律的话，从鸩雀的体型便能推断出它们具有非凡的可塑性，习性很容易改变，换句话说，聪慧透顶。我相信这个结论是可靠的，研究鸩雀习性即能证明。

即便属于同一品种，如果栖息于不同地区，生活方式也各不相同。有些翘嘴雀像啄木鸟一样垂直攀爬树干，猎食树干上的昆虫，另一些则像山雀一样在枝头的嫩枝与树叶间寻寻觅觅，所以整棵树从树顶到树根都是它们的据点。硬嘴雀虽是密林深处的居民，装备有尖而曲的爪子，却从不在树上讨生活，而只在地面的腐叶间翻找食物。奇特的是一旦受惊它们便会飞到身边最近的一棵树上，牢牢抓住树干垂直停好，一声不响，一动不动，借着保护色骗过敌方的眼睛。弯嘴鸩雀是一种大鸟，脚爪尾巴颇类啄木鸟，也攀在树干上觅食。与啄木鸟大不一样的是它们也去空阔的地面，尤其爱在阵雨过后找幼虫和蚯蚓吃，弯曲的鸟喙探入地表，能从10cm左右的深处叼出猎物。

鸩雀科下的各个类群都包含许多品种，但各品种之间似乎没有彼此联系的任何共同点，比如某种特有的习惯或生活方式。而大多数其他科的鸟类，同一类群的成员都多少具有某种共性。至于不同属的鸩雀，甚至不少同属不同种的鸩雀，更是各自有着完全属于自己的习性。而其他科鸟类，即便是内部差异最显著的那些，总有部分祖传的习性仍表现在每一个成员身上，并没有被全然抛弃。比如啄木鸟，有些鸟养成了只在平野觅食的习性，有些甚至去溪岸边筑巢。它们虽因生活方式改变导致身体结构大变，却仍然保留着原始的攀树习惯，尽管这流传下来的习性早已没有实用价值。霸鹟科鸟类也是一样，虽然变异极多，但连变化最大的鸟种也常常表露家族特性——停在高处狩猎经过的飞虫，猎捕归来总能准确飞回原来的位置。遍及全球的鸫科鸟是另一个突出的例子，且不说它们的营巢习性，所有成员都喜食水果，步态与飞行姿态都很相似，静止时如雕像，动起来又特别突然。

鸩雀科的许多类群，彼此相隔甚远，也明显互不相关，的确很难判定到底哪一项习性是祖传而来的。一些小体型的品种居于树丛或灌木之间，行为与山雀、黄莺、鹟鹩等相似，以叶子与细枝间抓来的小毛虫、蜘蛛为食。集木雀在树上筑巢，但只在空阔的地面觅食，而其他地面寻食的鸟儿则在茂密森林中的腐叶里探索。灌丛雀习性与云雀和野百灵相近；抖尾地雀像鹡鸰；掘穴雀像石鸥；芦雀在芦苇荡活动，另一个品种在旱地上的芦苇丛活动；其他地面生活的品种常在平地的草丛里藏身；巨灶鸟从树根部的松软土层和枯叶中挖掘食物；而掘穴雀属、灶鸟属，以及爬地雀属则主要在土壤里啄食。据目前掌握的知识还难以穷尽不爬树的鸩雀品种或类群，无法详尽论述它们各不相同的生活方式。此外，还有一长串爬树的鸩雀名单，爬树是它们根深蒂固的习性，它们的脚爪皆是为攀爬生活而生的。因为爬树的品种占了鸩雀科鸟类的大半，科内体型最大的鸟也会爬树，所以我们不妨在爬树的那些品种里寻找鸩雀科鸟类的祖传特性，也许因此还能证明最初正是从这些居于热带森林的鸩雀中分化出了在灌木丛、地面、沼泽、海滩与岩间活动的各个类群。但是爬树鸩雀的相似性也仅存于攀爬的脚爪，五子雀、啄木鸟、乌鸦和杓鹬，鸟喙各异，寻食方式也大不相同。有的和啄木鸟一样啄腐木；有的只在软烂的木头里刺探；长着蜂鸟那样鸟嘴的鸩雀因为嘴部过于细长而不便啄食，所以专找树干上的猎物，从中拖出一些藏匿其中的夜行昆虫、蜘蛛与蜈蚣。强嘴鸩雀把剑一般的喙用作杠杆，插入一块树皮撬松它；另一有着乌鸦般强力鸟嘴的鸩雀则是咬着树皮将其撕扯下来。

而最具多样性的是鸩雀科鸟类的筑巢方式。有些在地面生活的鸟种与翠鸟一样挖土筑巢，只是它们的手艺更高一筹，能挖出近1.5m深的圆柱形地洞，底部形成圆形洞室。有些在树枝或其他高处用泥土搭建起巨大的烤炉状巢穴。常在沼泽活动的鸩雀能在芦苇丛里挂一个球形顶或椭圆形顶的窝；有些鸟窝是草与土巧妙编合而成，既防潮防渗，又轻若竹篮。其中最奇特的建筑则是见于树上或灌木上的以草木枝条为材料的鸟巢，建造这样一个房子再加上修修补补的时间往往要耗上一整年，而形状、大小及各方面皆不一而足，形形色色的都有。有的内部有一螺旋形通道，从入口通往巢室，往往巢室空间仅能容下主人一个。白喉巨灶鹩的窝却是宽敞的豪宅，如果移除这个球形鸟巢的上半部或顶部，连秃鹫那样的大鸟都能在此舒舒服服地孵蛋育雏。白喉巨灶鸫的亲戚褐巨灶鸫筑的巢从外头看很大，但内部巢室狭小，仅能容下几枚鸟蛋而已。其外部结构形似一大型火药罐①，在树冠阔大的树的低枝上横卧着。小棘雀虽与英格兰麻雀一般小巧玲珑，鸟巢却很大，选址选在离地三四米高的横枝上，搭在枝头的细枝间。建好后，沉甸甸的鸟巢会把枝头压弯，往往压到离地0.5m高处。巴罗斯这样描写小棘雀的巢："当同一棵树上的其他树枝也承担起同样的负担，近旁的树也结上这样的果实，看上去则如画一般奇妙了。"霍托针尾雀的巢深约30cm，外部附有一细枝条交错而成的管状通道，一直从巢顶部贯通至底部，就像墙上的雨水管。通道随后外延出去，形成朝上倾斜的斜坡，长度在60～90cm之间。整个南美大陆随处可见类似的鸟巢，既像是吊着果实的枝条，也像一把洒水壶。不过这种鸟巢倒不是针尾雀属的鸟儿所共有，许多针尾雀的巢并没有管状通道。尤卡坦半岛上的一个针尾雀品种——棕胸针尾雀，巢之大与其本身体型之娇小形成鲜明对比，以至于本地土著不相信它能独立完成筑巢工程。当地人说当这小鸟唱起歌来，林中百鸟便纷纷前来助阵，各自叼衔一根枝条来"添砖加瓦"；只有一种霸鹟例外，它每次叼来2根枝条，一条是自己的贡献，另一条是替南美秃鹫带的，因为秃鹫又大又笨，不懂建筑，所以没法亲自帮忙。

南美大陆的南部，干旱的土壤里长出许多荆棘树，在那里盛产这样的大型鸟巢。巴罗斯写道："在离康塞普西翁城（阿根廷）中心3km处的平原上，在以我所在地为圆心、5m半径的范围内数到了200多个这样的鸟巢，大小不一，小的如小南瓜，大的比酒桶还大。往往一棵树上就有六七个，且常能看到好几个不同鸟种的鸟巢紧贴在一起，甚至都挤压得变形了。"

如果认为我所提到的花样百出的营巢方式是不同属的鸳雀之间的差异，那就错了。前面提到针尾雀属的鸳雀用树枝搭建起大鸟巢，有的有通道，有的没有。而针尾雀属另一个成员，巢很简单，就是小小一根草编的直管，孔径极小，只能

---

① 火药罐，古代使用前膛枪时用来携带火药的容器，当时的火药是放在专用的装药盒、罐中，或由纸包着单独携带。——译者注

通过人的中指，两端开口，住客进进出出便不需掉头。另外还有一种针尾雀，在土里铲出一个圆形坑洞，上面覆盖一个编织精良的圆顶。应当指出的是，针尾雀属下有65个鸟种，目前我们大约只知道其中15种鸟的营巢习惯。在灶鸟属中，我们知道有3种鸟会建造烤炉形的土巢；第4种在树上用枝条造窝；第五种像翠鸟一样在河岸边挖洞。

如何解释鸳雀科鸟类的种种奇特属性呢？它们身披单调的棕色羽衣，生理构造各异，习性多样，更发展出了千奇百怪的营巢方式。在我看来，原因在于它们是大自然里的一块"弱肉"。鸳雀胆小力弱，也没有防身的武器，御敌能力低下。它们行动不如其他鸟类利索，飞行力也很弱。树栖的鸳雀还会偶尔从一棵树飞掠到另一棵；灌木丛里的鸳雀根本是寸步不离窝的；而居于草原、沼泽的鸳雀则精通藏身术，如果迫不得已要飞也是在近地面扑腾几下，就像那吓出水面的飞鱼，飞上三四十米便又再度遁入草丛、苇丛里去了。鸳雀每时每刻都处于动荡和危险之中，远比燕雀亚目下的其他鸟科如莺、雀、鸫、霸鹟等脆弱无助。偏偏鸳雀科鸟类又只以昆虫为食，不得不费尽力气各处搜寻，它们无力改变自己的生存环境，所以生存异常艰辛。鸳雀就像是在"噩运学校"里摸爬滚打的人一样，被迫经受残酷的竞争。它们的一个惊人特质便是寻找食物时的那股拼劲，那么有条不紊、不知疲倦地找寻着，让人觉得沉重而痛苦。相比之下，其他鸟儿羽衣明亮，飞行有力，就像是纵情享乐的度假者，而鸳雀则如终日不得休息片刻的苦闷农奴。它们之所以能在大自然里维系生存，并且演变为兴旺的大家族，成长为一个主要鸟科，就是因为它们比其他鸟儿高出一筹的智慧与环境适应性，这正是它们在艰难的生存境遇中长期锤炼而来的。

南美大陆的每寸土地上都有鸳雀的踪迹，由此可见，它们有着强大的适应力与变异性。各地不同的气候、土壤、植被都孕育着与之相配的鸳雀品种，它们的羽毛色泽、身体构造与生活习性都与周边环境丝丝入扣。热带地区，鸟类生命繁荣，活跃于森林、沼泽、草原等各处，食物供应也很充足。但当我们到达高海拔地区和寒冷贫瘠的荒漠，发现活跃于热带地区的鸟类在此地的数量大幅减少，有的甚至绝迹，却仍有鸫雀顽强生存于此，显然使其他鸟类挨饿的环境难不倒鸫雀科鸟类。到了安第斯山脉多石的贫瘠高原，以及巴塔哥尼亚最荒蛮的地区，便再看不到其他鸟类，只有针尾雀属的小型鸟种。这些小鸟黯淡的羽色和在地面上的行动姿态似乎更接近老鼠而不是鸟类，在克丘亚语里就管某一种针尾雀叫"乌卡其图卡"，意为"老鼠鸟"。此地的鸫雀习性与热带地区生活的群体真是截然不同呀——热带的鸫雀体型大，喙也大，在林间巨树的树干上跑上跑下，不亦乐乎。

人们在南美大陆最南端也发现了几个抖尾地雀的品种。它们在那儿的生活和矶鹬很相似，通常是在海滩上，也会飞到海上追寻漂浮的海藻，搜索那些以海藻为食的水生动物。火地岛上昏暗可怖的深林里还生活着另一种鸫雀（Oxyurus），它们是目前已知分布最广的一种。"在高山之上或山谷之中，或在最阴暗潮湿的幽密山谷里，"达尔文说，"都能遇见这种小鸟。"坎宁安博士也提到他在冬季的原始森林里散步时，总有几群这种小鸟来与他作伴，集成小队好奇地跟在他身后。

鸫雀这样一个弱势群体，翅力弱又有诸多不利条件，在残酷的生存竞争中，鲜亮招眼的羽色于它们而言无疑是致命的。说起来，棕色算不上一种保护色，更何况其中有好几个品种的身上是清亮的棕色，几乎丝一般亮泽，有的甚至是明亮的栗色。这些鸟儿有其他安身立命的法子，所以没有严格意义上的保护色也可以过活。而大多数鸫雀身上的棕色确实具有保护性质，可与周遭环境融为一体。在植被干枯、草木稀疏地带生活的鸫雀身上有偏黄的浅棕色条纹与斑纹；活动于荒瘠的平原或多岩石地区的品种，羽衣为土褐色；而森林里在树干上攀爬的鸫雀则是深褐色，许多羽毛上甚至夹杂着斑纹，看上去与树皮没什么两样。其中，尖尾溪雀与硬尾雀羽色最深，近乎黑色，略泛黄褐色。阳光照耀之下，黑色的羽毛特别惹眼，但它们成天在遮天蔽日的热带丛林度日，那里即便是正午的日光也稀薄如暮色。

总体而言，鸫雀科绝大部分成员孱弱无力，需要保护色的帮助。但华莱士博士认为"羽毛的颜色总是在不断增强"。如果果真如华莱士博士所说，那么鸫雀科这样一个庞大的家族，内部又存在如此多的变异，我们理应能从中找出某些品种，它们的羽色在朝着更加明亮的方向发展。事实上，我们也的确找到了一些例子。某些久在密林浓荫里徘徊的鸳雀，深色的羽毛里总有那么几处鲜亮的栗色色块。另一些特别善于隐匿的品种，几乎不再需要保护色，因此下部羽毛成了纯白色。还有许多品种的喉部颜色发亮，甚至非常鲜艳。尤其是霍托针尾雀，下巴是柠黄色，下方一个黑丝绒般的色点，两侧各有一白色色块。所以霍托针尾雀的喉部由三种强对比色构成四个色块。有人认为鸟儿有鲜亮喉部是一种自发性的选择，在他们的想象中，霍托针尾雀（雄性和雌性喉部都有鲜艳色块）为了求偶，昂起头，展示出美丽的喉部以吸引异性。但这种假设不是很有解释力，也许视作偶然的变异更合理。就像许多鸟儿外露的羽衣是暗沉的保护色，而身上隐蔽处以及翅膀表层下的羽毛却有着精致的彩色细纹与美丽的色泽，这种变异对鸟儿本身无害也无益。在理论上也是中性的，是一种偶然变异。更可能的是，对霍托针尾雀这样一种翅膀羸弱、备受压迫的鸟儿来说，身上其他显眼的部位如果有艳丽的颜色是极其致命的。我们发现那些更活跃、有力的鸟种，体表有更大面积的彩色色块，且有越发妍丽的趋势。有的（Automalus）尾羽是绸缎般光亮的棕色；有的（Pseudocolaptes）腹部是鲜棕色，几近橙色甚至红色；有的（Magarornis）胸部是黑色，装点着叶子形的草黄色色斑，特别好看。长相平平的鸳雀科大家族里还另有几个俊俏的品种，其中头等姿色要属火红树猎雀。它全身玳瑁色，翅膀与尾巴是明艳的栗色。火红树猎雀的喙与裸鼻雀的一样有力，这似乎也表明它以种子与果物为食，其饮食习性已经偏离了那些胆小的、躲在林荫里的伙伴。

鸳雀身披黯淡的保护色，从它们各异的习性可见这个弱势群体有着极强的环境适应力与变异性，但也许仅凭这些还不足以抵御生命中的劫难。它们精心搭筑的巢穴是另一重保护。有人认为带拱顶的鸟巢与其说起保护作用倒不如说是一种潜在危险，因其体量大，很容易被吃鸟蛋和幼鸟的食肉动物盯上；反而小型的无顶鸟巢更加隐蔽。这种说法兴许适用于那些由较软材质搭建的带顶鸟巢，整体建筑松松垮垮。但鸳雀建造的带顶鸟巢十分坚固，并且它们总刻意选在最招人眼球的位置造窝，阿萨拉写道："好像要让全世界来膜拜它们伟大的建筑。"鸳雀科成年鸟的年死亡率极高，我估计要比燕雀亚目的其他鸟科高出不止一倍。但鸟蛋与幼鸟由于巢穴牢固或洞穴幽深得到了保障，十分安全。鹩雀科鸟类比其他鸟类生蛋多，我熟悉的那些品种一般一窝都多于五个，有的甚至多达九个。它们巢穴的首要作用是防巢寄生的牛鹂，而不是食肉吃蛋的凶手。牛鹂遍及南美，数量很多，侵占其他鸟的鸟巢，危害很大。大多数情况下，在那些牢固的大型鸟巢或是深处的洞穴里，所有鸟蛋都能孵化，幼鸟也能顺利养大。随后当幼鸟初出茅庐，进入危机四伏的世界，这时死亡的阴影才开始飘来。相反，其他鸟科较高的死亡率发生于蛋未孵化前以及幼鸟时期。我曾为了观察养过莺、雀、霸鹟、八哥，各品种都养了十几二十对。到了繁殖期我发现有些连一只幼鸟都没能抚养大，有的一窝才孵出一两只；而更常见的是养大了是别人家的孩子——寄生的牛鹂。

我还要再讲讲鹩雀的鸣声，这也是研究重点之一。虽然鹩雀并非著名歌唱家，有些品种的歌声倒也婉转动人。更重要的是，鸟类的"语言"与它们的社会性密切相关。鹩雀并不结群而居，它们天性胆怯，翅弱无力又时刻身处险境，这类型的鸟儿似乎天然与独居生活匹配。从上述的种种习性能推断出它们的性格相对安静，因为一般活力十足的群居鸟类才是吵吵嚷嚷的大嗓门。可实际上鹩雀却聒噪得很，鸣声洪亮。但这并不与我们熟知的规律冲突，因为鹩雀其实是社会性较强的品种，只是为生存所限而不得不收敛爱热闹的本性，孑然独处。因此我们发现大多数鹩雀品种都是成双成对地过日子，这种生活状态在哺乳纲中不常见。唯一合理的解释是这些鸟儿虽性喜热闹，有结群的情感需求，却因生存艰难而需规避群居的风险，冒不起这个险。严格意义上的群居鸟类只在繁殖季节才雌雄结伴。而鹩雀却是终身夫妻制，雌雄二鸟间的情感牵绊非同一般。阿萨拉准确地描述过集木雀夫妻深厚的感情——它们是如此享受彼此的陪伴，雌鸟孵蛋的时候雄鸟会坐在鸟巢入口守候；一鸟衔食回巢喂幼鸟的话，另一鸟即便什么也没找到，也会"空着手"陪同归巢；二鸟一旦分离，便开始不停不歇地相互呼唤，可见它们多么耐不住寂寞；甚至那些更享受独居的品种，也总能听见它们在林中尖声叫鸣，彼此应答，因为无法朝夕相伴，只好远距离隔空对谈，聊以自慰。

以上所论适用于南美温带地区的鸫雀，它们活动于此间的草原、沼泽，以及那些少树木多灌木的地区。在热带森林里是另一番情景。那儿的鸫雀组成浩浩荡荡的"游牧部队"，其中有来自各地区不同品种的鸫雀，它们也与其他科的如啄木鸟、霸鹟、丛林伯劳等各式鸟类结盟，所以是一支混合部队。这样的混合部队可不稀奇，只要不是繁殖期它们天天都集合。大约早晨九十点钟光景开始集结，接下来整天都陆陆续续有成员加入，团队不断壮大，于下午2～4点之间到达顶峰，此后数量逐渐减少，各自归巢。贝茨是记述这种现象的第一人，他说只要愿意他每天都能找到驻扎在当地的那支鸟部队。如果在林子的一头没找到，就换条道看看，准能找到。贝茨告诉我们，亚马孙丛林里出奇的寂静，中间似乎没有任何鸟类生命，也许你走上好几天也看不到鸟飞、听不到鸟叫。但有时周边的树丛与灌木丛突然之间就被大群的鸟儿占领，密密麻麻。"这吵吵嚷嚷的大部队动作利索，一齐行军。路上每个成员都忙于各自的使命，在树皮、树叶或是小树枝上搜寻。过了会儿，大部队开走，林间小径重又变得空荡而安静。"斯托尔兹曼在秘鲁也见过这样的景象，他说群鸟在林间寻食时声响惊人，与此同时死叶枯枝纷纷落下，这情形真像是降下一阵大雨。贝茨又写到，亚马孙河流域的印第安人对这种鸟部队有着奇绝的想象，他们认为是魅力非凡的"怕怕尼娜鸟"（应该是一种灰色的小鸟）吸引来了百鸟，领它们在林间不知疲倦地舞蹈。原本独居的鸫雀，竟在热带森林里呼朋引伴，每天都纠集庞大的队伍，其中包容着几十种大大小小的各色鸟儿，小的比鹪鹩还小，大的有喜鹊大，真是奇妙。这种集群显然于它们意义重大。贝尔特说它们各司其职，互惠互利。体型大的鸫雀在树干上找寻，其他鸟在树枝上发掘，或在更小的嫩枝上寻觅，所以它们所过之处的每一棵树从树根到顶部的叶尖都给彻查了个遍，每一只蜘蛛和毛虫都难逃厄运，惊起的飞虫也无不捉拿归案。

我只在巴塔哥尼亚见过这种"游牧部队"，规模比热带丛林里的也小得多。在巴塔哥尼亚的灌木林里，近似山雀的一种小型鸫雀——针尾雀是部队的原动力。等相当数量的针尾雀集结后，其他种类和其他属的鸫雀才加入进来。最后这支部队在灌木林中开动，沿路不断收编其他鸟儿，如鹟科、雀科鸟类。许多鸟儿在地面跑动、蹦跶，从松软的土壤和腐叶下翻寻昆虫，还有部分则在多刺的灌木中探索。通过对这些小部队的观察，我开始认为鸳雀科鸟类是召集者，其他科鸟类响应号召参与进来，因为它们知道必将有一场大丰收。各类鸟儿组成的行军大队跟在猎食的蚂蚁队伍后面，地面的小虫飞起来躲避蚂蚁的杀戮，却被鸟儿逮个正着。燕子也会这一招，它们总和骑马的旅人形影相随，在马蹄前飞来穿去，因马蹄踏过而从草丛间惊起的小虫就让它们捉了去。

再回到鸣声这个话题。鸳雀并没有美妙的歌声，嗓音甚至称不上圆润。但这个大家族枝繁叶茂，各自的鸣声也自成一格，有的尖细微弱如蚂蚱叫，有的洪亮如爽朗大笑，巨灶鸫就是大嗓门，它们的和鸣在3km外都清晰可闻。一般来说，多数鸳雀都是那种铃声般响亮清脆的音调，而少数品种的鸣声则会不断快速重复，很像一阵阵笑声，基本上并没有固定曲调。但多数习惯成对生活的品种，雌雄二鸟短暂分别后再相遇时，会合唱一曲，声音激越以庆祝重逢。这种合唱其他科的鸟类也有，比如霸鹟科鸟类。只不过有的鸳雀还从这重逢的欢歌里，从这难以抑制的激动之情里发展出了一种奇特的音乐形式，这种形式也许是鸟类中独一无二的。相会后，雌雄二鸟对面而立，靠得很近，开始大声合唱，声音清脆，一只鸟发出的是柔缓的单音符，另一只鸟发出的则是快节奏的三连音，两个声音彼此呼应十分和谐。这也许就是灶鸟属鸟类最美妙的歌了。奇妙的是，常常能听到羽翼未丰的幼鸟在巢里练习这种二重唱，往往还是亲鸟不在的时候。它们不停地练习，把单音符、三连音和结尾时那声悠长的颤音唱得像模像样，唱出来的声音与饥饿时发出的声音绝不相同。

幼鸟在黑暗的摇篮里开始学习成鸟的歌唱，这种歌唱又有着特殊的含义，这当然是一个值得关注的重要现象，也引发了我的思索。也许研究它还有助于揭开另一个奥秘，即鸳雀科差异巨大的各个类群中究竟哪些相对来说是更古老的品种。进化科学认为，如果生物在幼年时期某些本能就得以发育成熟，则表明这个物种或类群比较古老。这个说法也适用于鸟类及其"语言"本能。而戴恩斯•巴林顿[①]认为鸣禽的幼鸟是通过模仿亲鸟学会歌唱的，这个看法当然还是站得住脚的，达尔文在其《人类的起源》一书中也对此表示认同。不同的说法间互有矛盾，也许它们并非绝对真理，仅仅是部分正确。可以这么认为，尽管许多鸣禽学会唱歌或学好唱歌都是从听亲鸟的歌声开始的，但有些品种的音乐才能是与生俱来的，就和某些习性一样是一种"遗传记忆"。

鸸形目下也有一个鸟种，像灶鸟一样在幼鸟时期"语言"就发育成熟了。这似乎也能进一步佐证我关于幼鸟鸣声发育的观点。

据解剖学家的观点，南美洲特有的那些鸟类没有得到高度分化，比起北方大陆的鸟类是更加低等、古老的品种。鸸科鸟被认定为南美最低等、最古老的鸟种，它们习性与秧鸡、山鹑相近，过着隐居生活，大多歌喉甜美。潘帕斯的红翅鸸大小与家禽差不多，嗓音最美妙的大概就属它们了，开嗓也很频繁。红翅鸸的歌声与鸣声多是在每日向晚时分响起来，由五个柔和的音组成，音色颇像笛声，极富表现力，由躲藏在草丛各处、彼此间相距甚远的许多只鸟相互应和而成。就如我们所料，红翅鸸幼鸟很早就发育了相关官能与本能；在幼年阶段，它们便离开父母独自讨生活了；体型还不及成鸟四分之一时，它们就已经长出了成鸟的羽衣，已经能像老鸟那样熟练地飞行了。我在潘帕斯一户人家那里观察过这样一只幼鸟，不比鹌鹑大，听说刚破壳而出就被带了回来，因此既没见过亲鸟，也没听过它们的声音。但就是这只小鸟，每天黄昏时刻，总躲到餐厅最黑暗的角落，藏在家具下面，唱一曲晚歌，往往能持续唱上一小时甚至更久。它的歌声那样完美，令人神往。同一阶段的画眉鸟或其他鸣禽幼鸟开口学唱的时候，还只能发出唧唧啾啾的声音。

灶鸟幼鸟那么小就学会了歌唱，这一点很值得重视，因为它们所属的类群恰好包含了鸸雀科中分化程度最低的那些鸟类形态。它们是腿力强健、方尾巴的陆禽，有锐利的喙，会利用泥土或树枝搭建形态完美的鸟巢，或在地面钻洞挖穴。

---

① 戴恩斯·巴林顿（1727—1800）是英国律师、古董商人及知名博物学家。——译者注

鸫雀科下的其他类群与灶鸟几乎各方面都截然不同，似乎毫无亲缘关系，就像啄木鸟和戴胜那样差异明显。我们在形形色色的鸫雀科鸟类中发现好几十种形态各异的鸟喙，但多数都很锐利，仍然保留着"探寻"功能，也确实被用于探索树上的烂木组织和树干上的树洞与缝隙。我们还发现有些鸫雀有"返祖"现象（不知这么说是否合适），在土壤里翻寻食物。也有些品种（Dendrornis）鸟喙的功能已经转型，可以啄木甚至撕扯树皮。如果单从用途来考虑的话，这些品种的鸟喙还未进化完全，比起啄木鸟强直的鸟喙仍然只能算半成品。可是有这样一条进化原则——相似的功用产生于相似的生理构造，即便全然不同的物种也会因此长出相似的身体部件。这就是为什么吸食花蜜的生物与蜂鸟一样都有着管状舌。因此我们也可以预见，鸫雀科鸟类的喙会趋同于啄木鸟的喙，毕竟鸟喙是可塑性很强的器官。

　　很可能灶鸟及其近亲——那些普通、强壮、多育的"建筑家"——正代表了鸫雀科鸟类的亲本类型，当它们遍布大陆各地时，因所在不同地理环境分化为活跃于沼泽、森林、灌木、草原的不用类型。生活习性改变，不同的身体构造随之形成，有的品种（Xiphorhynchus）保留了"探寻型"鸟喙，其形状却大变，变得细而薄，且弯曲如镰刀。有的则朝着五子雀和啄木鸟鸟喙的方向演变。

　　目前所知，鸫雀科鸟类大约有28个属，60个种，而由我自己亲身观察得知的连30种都不到。鸫雀是南美最神奇有趣的鸟类，关于它们的记叙却少得可怜，令人惊诧。唯有那超凡的灶鸟——棕灶鸟待遇特殊，几乎本世纪出版的每一本博物学书里都有关于它的记载，明明鸫雀科近300个成员中的许多都比灶鸟有趣多了。

第十九章　自然界歌舞秀

MUSIC AND DANCING IN NATURE

19

阅读博物志书籍总能读到许多这样的例子，鸟儿成群集结，往往选一个固定的老地方，聚在一起纵情舞蹈、戏耍，有时甚至还有"声乐""器乐"的伴奏。我所谓的"器乐"是指除了鸟类"声乐"以外的一切鸟声。"声乐"自它们歌喉而来，多少是有意识、有秩序的表演。"器乐"则是诸如鸟嘴的击打敲啄声，翅膀的猛烈拍打声，当然还有羽毛羽管发出的各种嗡嗡声、甩鞭声、挥扇声、摩擦声和号角声。

人类舞蹈表演中有一种是一人独舞，众人围观欣赏。鸟类也有这种形式，而且许多不同属的、彼此亲缘关系较远的品种都有独舞表演。最特别的一个例子是南美的岩栖伞鸟。它们会挑一块四周有灌木丛包围的平坦苔地，清理干净上头的树枝、石子，鸟群就围着这块地方的外缘集合。其中一只雄鸟，披戴着华丽的橙红色头冠和羽衣，走进正中央。它张开双翅和尾翼起舞，身体的律动仿佛是踩着小步舞曲，随后情绪愈加炽烈，它开始做起高难度动作，频频跳跃、回旋，直至精疲力尽才退场。然后下一位舞者便登台了。

其他品种多是集体舞，似乎每个个体都同时被一种同等强烈的舞蹈冲动驱使。有时会有一只鸟领舞，扮演主导角色。有个最神奇的例子是我从比格-威瑟所著的《寻路巴西之南》里读到的。他记录道，有天清晨在茂密的林间听到一个不寻常的鸣声。那个地区鸣禽不多见，几个当地伙伴一听到这声音，就邀他同去观礼，说是也许能有幸见到一副奇景。一行人小心翼翼在茂密的灌木间寻寻觅觅，来到一片林中空地。空地的边缘有一小块石头地，那儿集中着一群小鸟，有的停在石头上，有的停在灌木上。小鸟的个头与雀鸲鹟差不多，有着可爱的蓝羽衣和红头饰。其中一只稳占枝头，唱着欢快的歌。其余小鸟一面跟随歌声拍着翅膀踏着脚，舞步齐整，一面叽叽喳喳张着嘴伴奏。小鸟尽情享受着自己的舞会和演唱会，比格-威瑟站在一边，也看得满心欢喜。可突然间表演戛然而止，小鸟们似乎警觉到了什么东西，四散飞入林中不见了。当地人告诉他这种小东西被称为"跳舞鸟"。

"跳舞鸟"很有可能是一种独居鸟类，只在进行这种炫耀式的表演时才集合起来。不过大多数独居鸟类,特别是那些燕雀亚目的品种偏好自娱自乐,或者除了伴侣以外表演时并没有其他观众。阿萨拉就记录过一种小雀鸟,他形象地将其命名为"振荡器"。据他说这种鸟儿在清晨与晚间会爬上一个小高台,飞出去近二十米远,飞行时画出一条优美的曲线,然后调头飞回,只是还要飞过起点,回的路程比去的长。如此飞来飞去,像被隐形线头牵着的钟摆在空中来回往复。

如果有意探究动物炫耀式的歌舞表演的来由,不妨参看达尔文《人类的起源》。那本著作大部分内容都着力于论证这类动物行为是因发情而起,可称为求偶炫耀,雌性对雄性的性选择或者说自发选择是其终极原因,动物身上的鲜艳颜色与华丽装饰也是因此而生。

按照这一理论解释,鸟类到了发情期,雄性寂寞难耐开始求偶表演,而雌鸟择偶并不以强壮活跃为标准,也不遵循先到先得的原则。许多品种的鸟儿都像人类一样天生就有某种审美趣味,所以会优先择选更"美"的雄性,优雅或炫目的身姿、悠扬动听的歌喉、华美的装饰都是"美"的衡量标准。最初,所有鸟儿都是色彩黯淡的,没有纹饰也没有歌喉,要不是有性选择作用其中,恐怕也将永远如此。与自然选择一样,性选择的作用随时间不断累积,细微的变异累加起来使得物种越发光彩夺目。正是因此自然界才孕育出了最让人叹为观止的美——岩栖伞鸟火焰般的羽衣,孔雀的头冠与星光熠熠的尾屏,云雀欢快的歌声以及鸟类或优美或激情的舞蹈。

据我的经验,哺乳动物与鸟类几乎无一例外都有此类表演行为,只是程度与形态不同罢了。有的表演有声,有的无声,有的则纯粹是声音表演。有的物种鸣叫不悦耳,合唱不协调,动作粗野杂乱,灵动优雅善歌唱的物种却能把这种表演发展成更高、更美、更精细的艺术形式。哺乳纲动物也普遍都会表演,但总不及鸟类能歌善舞。有些哺乳动物如树上生活的松鼠和猴子,也像鸟类一样有着用不完的精力,动作之敏捷灵巧也不输鸟类,它们的情绪一上来,哪怕只一丁点儿,也能转化为巧妙优雅的动作。还有其他的动物也如此,如绒鼠科,声腔高度发达，鸣声颇似鸟类。但总体而言，哺乳动物比鸟类粗笨迟钝许多，对于我所讨论的这种歌舞表演不怎么在行。

鹑鸡类陆禽，身体较重，它们在地面舞蹈，舞姿精巧华丽。而飞鸟的舞蹈在空中，更是灵动美妙。许多鸟类如鹰、鹫、雨燕、燕子、鹳、朱鹭、琵鹭、鸥鸟等常独自或成群在空中盘旋。有时无风的平和天气里，它们直上云霄，飞升到高处滑翔，能一气在空中飞上一小时甚或更久。蓝天之上的鸟群仿佛隐约一片云，形状是固定的，少有疏密变化。看似无序之中蕴含着井然的秩序，数百或快速或缓慢滑翔的鸟儿彼此间保持着合理的间距。即便它们的翅膀展开到极致，拍动起来也好静止也好，相邻的二鸟绝不会触及彼此。一大群鸟集体飞行，在无休止的曲线运动中却能奇迹般地保持精确的队形。仰躺在草地上出神地看这九天上的云之舞，看上一小时也不知疲倦。

巴塔哥尼亚的黑面朱鹭，体大如火鸡，通常在傍晚进食后会开始一种疯狂的飞行。一群鸟儿结队飞去栖息地的途中，突然陷入一阵狂乱，集体剧烈地向地面俯冲，姿态古怪异常，冲到近地面又重新飞升上去，如此不断重复，起起落落。同时发出铿锵如金属般的叫声，方圆几千米的空气因此颤动不止。其他品种的朱鹭，或不同属的鸟类，也有类似行为。

我所知道的大多数鸭科动物，求偶炫耀的模式是水上模拟战斗。唯一的例外是长相俊俏、鸣声悦耳的拉普拉塔赤颈鸭，它们精彩的表演多在空中。十几二十只一齐高飞入天，变成高处的一个个小点，有时干脆飞到目不可及的高处。它们在高空不停地盘旋，队伍不时并拢又分开，常常持续一小时以上。雄鸟的啸音嘹亮动听、变化多端，雌鸟的鸣音则低沉庄重，两者相和竟十分和谐。演出落幕时，它们总不忘潇洒地互拍翅膀，拍翅声就像鼓掌声，即便鸟群早已不知所踪，声音还能听得特别清楚。

活力四射的秧鸡也是高明的表演艺术家，充满力量，声音多变。可它们在地面生活，又天性害羞多疑，想看它们耍闹可不容易。拉普拉塔地区最美的秧鸡是大林秧鸡，漂亮又活泼，大小和家鸡差不多。它们在一小块平坦光滑的地面集聚，四围密密长满了灯心草。最开始，灯心草丛里的一只秧鸡发出一声有力的啼鸣，连啼三次，这是邀请的信号。马上，各处的鸟儿就响应号召赶往集会地。不一会儿就来了十几二十只，纷纷从草丛里跑到这块开阔地上，表演开场了。这是一场演唱会，大林秧鸡尖细的声音与人的嗓音有点像，高音飙到极致时表现出极端的恐惧、疯狂与绝望。先是一个穿透力十足的长音，强力而激越，接下去是一个低音，仿佛前一个长音已把它们的气力耗竭。这样连着好几个回合后，又转为另一种时高时低的鸣声，像是痛苦的抽咽，伤心的呻吟。突然间那神秘的尖叫声又蓄势重来了。尖叫着的群鸟从一头奔突到另一头，好像突然癫狂，它们的翅膀展开，振颤着，长长的鸟喙大张，向上垂直扬起。这场表演持续了三四分钟，此后鸟群才平静地散开。

对美洲水雉来说，长相古怪，肉垂，以及脚趾纤长是它们的标志。这种鸟的求偶炫耀也很不寻常，舞动起来时，原本藏而不露的金绿色丝质飞羽得以展示，似乎就是专为炫耀那华丽的飞羽。它们或单独行动，或两两成对，常十几二十只地聚在沼泽地觅食，彼此相隔一定距离，但又在互相的视线范围内。偶尔其中一只发出邀请信号，一整群就响应号召，暂停进食，齐飞至某处，相互簇拥着，发出短促、激动的鸣音，不断重复。它们的翅膀张开，仿佛一面面精致的旗帜：有的高高竖起翅膀，保持静止；有的只把翅膀半张开，并快速振动；还有另一些则上下拍翅，动作迟缓而庄重。

大林秧鸡和美洲水雉的表演是雌雄性都参与的。同地区的距翅麦鸡与欧洲麦鸡外形相近，只是体型比它约大三分之一，颜色更明艳，且翅上距长。它们的表演也更加奇特，被当地人称为"方块舞[①]"，因为每次需有三只鸟参与，据我所知这是鸟类中独一无二的。距翅麦鸡自己也乐在其中，因而这项活动全年无休，在白天演出场次很多，皎洁的月夜也时有上演。一对麦鸡（距翅麦鸡也是结对生活）舞上一段时间后，便有第三只前来加入。这第三只麦鸡来自旁边的那对舞

---

① 方块舞是美国民间舞蹈，是移民文化的产物，由各国舞蹈融合而成。——译者注

者，它留下舞伴独自守候在它们自己的舞蹈场地，自己却飞来加入这一对。这位不速之客的入侵却并不会招来反感，主人甚至欢歌相迎，若换作他族鸟类靠近一步，想必待遇是截然不同的。此时作为主人的雌雄二鸟迎上前去，走到客人身后相随。三只鸟踏起脚步，开始快节奏舞蹈，并随着身体舞动发出响亮的击打声。后面的二鸟发声连续如一串鼓声，领头的则每隔相应的时间会唱出一个响亮的单音。三人舞跳到最后，领舞竖起双翼，定定站直；后面二舞者则并排而立，收起翅膀，俯身前倾直至鸟喙点地，富有节奏的鸣声也低沉下去，变成轻声低语。如此造型保持许久后，表演才算终了。领舞的外来者回归自己的场地和舞伴，它们也开始准备接待一位来客共舞。

雀形目下那些歌喉平庸的鸟类，不像鸣禽亚目有着高度发达的发音器官，求偶表演也乏善可陈。南美的霸鹟科鸟类，其实与旧大陆的鹟科是同类，它们也会点表演，但所谓的表演只能算是雌雄二鸟的欢乐二重唱，情绪激动、音量大，怪声尖叫，伴随着翅膀的胡乱扑腾和其他凌乱的姿势。还有一些霸鹟品种是大合唱，此外还有更加另类的表演形式，如黑霸鹟类群的雄鸟就表演独角戏，它们表演时那些颜色黯淡的雌鸟都藏在暗处并不现身。雄哈氏黑霸鹟羽毛漆黑，羽翼上镶着一道隐蔽的白边，总爱站在灌木顶部的枯枝上，间或飞离枝头，去展示飞羽上那处炫目的白，翅膀开合之间，迸发出道道白光。忽然他开始一边打圈绕着栖枝飞行，一边咔咔尖声地鸣叫，翅膀扇起来嗡嗡作响，就像绕烛而飞的蛾子，围着火焰急急打转。演绎这曲空中华尔兹时，哈氏黑霸鹟羽上的黑白二色因急速飞行而融浑一体，双翼变成宛如包裹身体的一团灰色迷雾。舞毕，它立刻落回栖枝中休息，在下半场表演开始前屏息凝神，纹丝不动宛如一尊黑玉雕像。

霸鹟科的剪尾王霸鹟表演也很不俗。剪尾王霸鹟身上有灰白二色，头尾漆黑，顶有金黄色冠毛，翅膀与燕翅形似但更大，两簇尾羽长度将近30cm。剪尾王霸鹟总是成双成对，一到日落时分往往好几对凑在一起，兴奋地彼此呼唤应答。随后它们如焰火般急速升空，飞到高处，盘旋片刻后突然下行，作"之"字形的剧烈俯冲，长长的尾翼像一把剪刀不断张合。俯冲的同时发出一种奇特的声音，像是使劲拧闹钟发条发出的那种吱嘎声，每拧一把后还有片刻停顿。空中舞蹈结束后队伍便解散，剪尾王霸鹟两两飞落树头，急促、重复如响板的二重唱在此开幕了。

另一大家族，砍林鸟科，又称鸷雀科，其表演以二重唱为主，与霸鹟很像，雌雄二鸟激动地合唱，声音洪亮、极具穿透力，还伴随着许多动作。巴塔哥尼亚的一个巨灶鸫品种的习性却稍有不同。这种鸟大小与椋鸫差不多，成鸟小鸟同住一窝。只要天气好，它们每隔一小会儿便尖叫一阵，仿佛举办尖叫大赛似的，3km外都能听到。一只鸟爬到灌木顶上来一嗓子，瞬间同伴都从各处匆匆赶来，合唱随之开场，只是声音像极了疯人尖锐刺耳的痴笑。唱完后，它们还要发疯一样在灌木丛里你追我赶玩耍好一阵。

有几个鸷雀类群的表演则从拙劣的二重唱进步到了和谐的歌声，奇妙又动听。其中音乐造诣非凡的就是灶鸟了，最早是德奥比格尼发现的。红灶鸟一看到伴侣飞来与自己汇合，便张嘴发出响亮而悠缓的音调，有时则唱出一个绵延不断的颤音，夹带着些许金属声。可当伴侣加入合唱后，它就转而唱起快板里的那种三连音，特别着重首音，前来汇合的伴侣则同时大声叫出一个单音符。合唱时，二鸟面对面站立，脖子伸长，尾羽张开，第一只鸟的翅膀随着所唱的欢快节奏快速震颤，第二只鸟的翅膀则缓缓打着节拍。终章共三四个音符，由第二只鸟独唱，音强而清晰，不断上行升高，尾音至为尖锐。

至于鸣禽亚目的正宗歌唱家们，多以单一的声乐表演为求偶炫耀的形式，演唱者坐于栖枝上高歌，并无其他舞蹈动作。而拟鹂科的140多种鸟类，有许多都是边唱边跳的，有的舞蹈赏心悦目，有的却怪诞不经。拉普拉塔地区的啸声牛鹂栖停时发出一种空洞如回响的声音，在结尾处升高，变为金属质感的铃音，十分清脆。它唱的时候翅与尾张开压低，如昂首阔步的雄火鸡那样整副羽衣膨开着，在栖枝上欢乐地蹦跳，仿佛在舞蹈。雄鸟鸣音清脆如铃，雌鸟接上去猛一嗓子尖叫，舞毕。拉普拉塔的另一拟鹂品种紫辉牛鹂，求偶时膨开一身紫光闪闪的羽衣，振动着翅膀先鸣出一串低沉如回声的音符，接着再唱一个固定曲目，音色也十分清亮。接着雄鸟突然展翅掠飞，飞蛾般急速振翅，飞到二三十米外又掉转头，开始绕着以雌鸟为中心的一个大圈飞。其间雄鸟的歌声响亮不绝，将雌鸟陷于音乐与飞行的双重包围之中。

许多不同科习性各异的鸣禽在鸣唱时都习惯时而飞升，时而冲落，如此交替进行。更有不少品种，它们空中的姿态与歌声的变化和音调的升降息息相关。有时是或疾或徐的垂直俯冲，带着些许摇摆；有时是盘旋着下行；有时飞落过程中连续斜偏下去。动作与旋律紧密呼应，优美和谐，充满诗意的人间舞蹈也难与之匹敌。

草原黄雀鹀是拉普拉塔地区的一种小雀，它们及另外一些鸟的表演形式是季节性的，随着季节更替而改变。草原黄雀鹀集群活动，群体数量很大，与多数雀鸟一样，在寒冷季节只飞不唱。它们结群在云里盘旋，叽叽喳喳，相互追逐。到了八月春暖花开，便一同飞去种植园里，坐到枝头合唱。合唱声里包容着无数个个体的声音，音量巨大，远处听像疾风呼啸，近处听，则是美妙的乐音。它们的合唱不似拟鹂科鸟类那样所有声音混为一体，而是有千万个音调，各自平稳流动，听上去好比太阳光把万千下落的雨点雨丝照亮，每一个都照得清晰分明。鸟群每天都这样不间断地连唱几小时。等到了求偶季节，爱意袭来，合唱团便解散了，上万只小鸟散布在周边草原的各处。雄鸟的歌声变得微弱，几乎不成曲调，却伴以极富魅力的求爱舞蹈。它在爱侣边上团团打转，无数次进进退退，歌声不断，随着嗓音升高自己又飞升到雌鸟上方去。再度落地后，它俯身而卧，双翼外伸，微微颤动，伏在雌鸟脚边切切恳求，含情脉脉的声音低落下去，似乎咬着舌头欲说还休。这一连串灵动优雅的动作不正明明白白展现了求爱之心的酸楚与热切吗？不过求爱时节雄鸟的歌声还算不上什么，完成交配与筑巢的任务后，它的音乐造诣才更上一层楼，产生了更新更好的形式。它会栖坐在一根草茎上，时不时地飞升到四五十米的空中，边往上飞边吐出一串悠长美妙的音符；接着又优雅地盘旋而下，翅膀张开，但很少拍动，看上去就如一顶缓缓下降的降落伞，下降过程中嗓音也随之低落，越来越低沉甜美，越发有表现力，直到最终落地。飞落后歌声不停，拉长变细，更加清亮，最终减弱为一束声线，一阵叮铃，就像仙女手指轻轻抚弄的七弦琴。这一曲的最妙处就在于此中的渐变，由升空时的低哑慢慢趋于收尾时的纤细。

结束这部分前我再补充一个品种，即巴塔哥尼亚的白斑小嘲鸫①。据我所知，嘲鸫的音乐丰富多变，悦耳动人，远胜于其他鸣禽。这种鸟躲藏在树叶丛里能唱上半小时不停歇，忠实再现几十个品种鸟儿的曲调，可谓绝妙。不过要是听过白斑小嘲鸫的歌，它的模仿秀也就不值一提了。嘲鸫仿佛就是要展现自己歌艺高超，特意先惟妙惟肖地模仿其他鸟的鸣声，借以衬托自己的神曲。它的歌铿锵有力，那纵情的欢歌颇像云雀"在天门引吭高歌②"，强力的音浪一阵阵卷袭而来，音色明朗富于变化。假如鸟类真的特别争强好胜，那么其他鸟儿听了嘲鸫这超凡脱俗的歌声，恐怕各个都要心灰意懒，再不愿开口了。

鸣禽类最精彩的那些音乐表演，绝大多数的曲目都是固定不变的，同样的音符按同样的顺序唱出来，隔段时间再唱，还是一样的曲子，让人觉得这已经是最佳组合了，不可能还有比这更美妙的旋律，就是那"甜甜的曲子，奏得合拍又和谐③"。而这"不可能"在嘲鸫的表演里却变成了"可能"，嘲鸫不乐意重复，从不以同样的顺序去排列音符，每次唱都是一首新曲，既有变奏又加入新的音符，这又与云雀有点像。可以说，嘲鸫的鸣啭，是云雀之歌再加上无穷的变化，且音色更明净，更有超乎想象的灵性。

这种白斑小嘲鸫也是载歌载舞的典型代表。它们的舞蹈也和歌声一样与众不同，是充满灵感的即兴发挥，没有固定的编排，但舞姿优雅，感情充沛，并与歌

---

① 嘲鸫是雀形目嘲鸫科的几种善模仿的鸣禽的统称。——译者注
② 此处原文是莎士比亚十四行诗第29首中的诗行"singing at heaven's gate"，译文取自梁实秋译本。——译者注
③ 此处原文引自罗伯特·彭斯的诗歌《红玫瑰》中的"melody sweetly played in tune"，译文为王佐良所译。——译者注

声配合得天衣无缝，艺术修养远胜其他歌舞并举的鸟儿。白斑小嘲鸫唱着曲儿，在灌木丛里飞来飞去，在这一处多逗留一会儿，在另一处匆匆掠过，偶尔钻入树丛消失不见；有时又兴之所至一飞而上，冲到30m高的空中，像苍鹭那样缓缓拍着翅膀打着节拍；又或者突然间狂野地呈"之"字形飞升，再悠悠然盘旋而下；最后飞落地面，坐好，尾翼扇子般撑开，翅膀在阳光下闪烁着耀眼的白，张开微微震颤，或是懒洋洋地上下拍动，翩然如一只宽翼的蝶落在花间休息，翅膀一开一合。

我想在此探讨：动物发情求偶与其声乐和舞蹈表演是何种关系，究竟是否真的相关呢？比如剪尾王霸鹟，好几对凑在一起，抛家弃子，置鸟窝、鸟蛋、幼鸟于不顾，焰火般飞升入天，在空中徜徉舞蹈。再如大林秧鸡与黑面朱鹭的疯狂之举；美洲水雉集体展示华丽的金绿色飞羽；距翅麦鸡奇特的"三人舞"；灶鸟夫妇悦耳的二重唱；以及䳵雀科鸟类的二重唱与大合唱。这一切似乎并不是因发情求偶而起。再看赤颈鸭的空中拍翅，难道真有人认为赤颈鸭雌鸟挑选伴侣的标准是看哪只雄鸟翅膀拍得最有力、最优美？

性选择理论的支持者想必会对上述例子避而不谈，而只援引牛鹂与哈氏黑霸鹟的表现。雄牛鹂在雌牛鹂面前表演滑稽戏，还边唱曲儿边绕着雌鸟飞。黑玉般的哈氏黑霸鹟雄鸟起舞时，四周并不能找见雌鸟，有可能被解读为羽色黯然的雌鸟是藏在暗处检阅雄鸟的舞姿，再按传统标准挑选出佼佼者。达尔文正是这样解读的。确实，当发情季到来，不少雄鸟会独自或成群地对着雌性表演、炫耀。汇集这些例子，再收集一些更加稀奇古怪的特例，并断言雌鸟就是以姿态最好、歌声最美为标准择偶的，这样推导出性选择的结论似乎水到渠成。然而凭借从全球各地精挑细选的特例（很多甚至与事实不符）得出一个普遍性的结论，这种论证方式并不合理。如果我们把目光从书本挪到自然，专注于某个地区所有物种的习性与行为，就更不会轻信这套理论了。其实《人类的起源》中用作重要例证的动物求偶炫耀的案例，与本章记录的一些例子并无本质不同，仅是同一本能的不同表现形式而已，而这种本能几乎是所有动物共有的。我就此提出了一种非常浅显但很有解释力的说法，与华莱士博士①关于生物颜色和纹饰的解释②一样既简单又有普适性。我们发现如果生存无忧，境遇安适，低等动物很容易被一阵没来由的喜悦裹挟，它们会忽然受到强烈的感召，流露出与平常截然不同的脾性。其实我们自己也深有体会，体能充沛的话，作为文明动物的人类也偶尔会被这种突来的狂喜包围，年轻的时候尤其如此，在那一刻，他喜不自胜，发疯一般，按捺不住地喊叫高歌，莫名其妙地大笑，用尽全部力气跑啊跳啊。至于笨重的哺乳动物，它们的表达方式则是咆哮、尖叫，做出各类粗野动作，蹦跳跺脚、假装恐慌或是模拟打斗。

小巧活泼的物种，动作轻灵敏捷，这种狂喜于它们更加平常，表现方式也更复杂多样。幼年期的猫科动物，像机敏灵活的美洲狮，一生中时刻都在模拟狩猎时的各种姿势——比如假装发现目标后的激动难抑，藏藏躲躲，然后小心翼翼试探着逼近，又刻意掩藏到障碍物后，一动不动蹲着假装观察形势，眼睛扑闪着，尾巴左右摇动；最后一跃向前，装作自己被对手抓住，在地上打滚，作出惊恐万分的样子。至于那些声音器官发达的物种，则吵吵嚷嚷开起演唱会，甚至集体大合唱，许多猫、狗、狐狸、水豚，以及其他聒噪的啮齿动物都有此类行为。日暮时的热带丛林里，吼猴的呼啸更是盛大而庄严。

鸟类当然比哺乳类更容易被这种莫名的愉悦俘虏，某些品种的鸟儿能频繁地体验到高涨的热情。比起哺乳动物，鸟类来去自由，动作畅快优雅，能说会道，嗓音也动听得多，所以它们表现欢愉的方式自然更多样，有固定的程式，姿态优美，还有音乐伴奏。每一物种，或每一类群，都各有一套祖上传下来的独特表演形式和风格。而且，无论形式多么粗野、不成体统，比如野牛假装逃窜、打斗就

---

① 巧的是华莱士博士关于生物颜色的观点竟与拉斯金不谋而合。拉斯金在《现代画家》中写到石头时有这样一段话："我曾几次提到过颜色之绚丽与生命力和物质的纯度紧密相关，这在矿物王国尤为显著。任何物质结晶时分子如何完美地结合，正对应了生物界的生命力。"——原注
② 即本书第十六章提到的，华莱士认为生物呈现的多彩是旺盛生命力的体现，而达尔文则认为是性选择的结果。——译者注

不甚雅观，动物的愉悦情绪总能从中得以释放。人类的表达形式当然更丰富，许多时候甚至能够隐忍着不表露出来。但假如从远古时代开始，人们就一致以小步舞来宣泄欣喜，到最后小步舞必然会演化成一种本能，孩子从小就像学会走路那样自然地学会跳小步舞，那么人的情况与其他动物也就大同小异了。

某天我看着一群鸻鸟在地面上安静地觅食，突然间鸟群兴奋起来，变得十分狂野。它们在邻鸟身上狠狠一啄后飞速跑开，每只鸟都发了狂似的追逐着，想方设法追上别的鸟去猛啄一口，还得确保自己不被啄到。场面混乱的追赶游戏就是这种鸻鸟欣喜万分时常有的发泄方式，这与距翅麦鸡多么不同啊。距翅麦鸡踏着脚步跳它们的三人舞，姿态浮华，傲气十足，一举一动齐整得好像军队阅兵。而同为鸻科的巴西长脚鹬虽也爱追逐，形式却大不一样。一群长脚鹬飞上天，直飞到人视线以外的高空，然后返回地面，再一次飞升。追逐就在这起起落落的飞行中，一群鸟一起追其中一只长脚鹬，一旦赶超，就换另一只鸟被追。追赶者一边飞一边唱，长空里回响着它们悠扬的鸣吠。而鸻科的沙锥鸟又是另一种全然不同的空中娱乐活动。在它们急速下飞时，尾羽发出美妙的声音，能传很远。沙锥是一种独居鸟，因此与前文提到的"振荡器"小雀一样，它们的表演也是没有观众的自娱自乐。而群居的品种无一例外都是集体表演，因为欢乐与恐惧一样，也具有传染性，一只乐疯了的快活鸟很快就能把气氛搅得热火朝天。当然也有些鸟儿总是结对生活，比如上文提到的剪尾王霸鹟，它们是定时集合进行表演。体型巨大的冠叫鸭也值得一说，冠叫鸭雌雄鸟的合唱非常和谐，它们的嗓音似乎有着无穷的力量。但冠叫鸭也会大规模集群，上千对甚至几千对集结起来合唱，不论白天黑夜每隔一段时间就齐齐开嗓，音量大如雷鸣，震天动地。不过一般来说，这样成对的鸟儿并不是为求偶炫耀而集合，而是以雌雄二鸟为单位表达喜悦之情。因此，南美洲三大雀形目的鸟科，霸鹟科、鸫雀科与蚁鸫科，总计八九百个鸟种，其中大部分都是这种"二人转"。

凭我本人经验，这种夫妻表演或与其他夫妻集合共演的模式，雌雄二鸟在其中角色平等，且往往雌雄外表相似，性别差异微小。而那些雄鸟独演、雌鸟不参与的品种，则往往雄鸟羽色极其鲜明显眼。这里不妨举一两个例子。

拉普拉塔有一种红胸拟鹂，总是栖停在一株比较高的植物的显眼位置。它每隔一段时间就唱着歌垂直飞升，当飞到最高点时歌也正好唱到高潮，突然像翻筋斗似的，飞行与歌唱同时戛然而止。这一过程中羽色暗淡的雌鸟始终都不露面、不发声，可见红胸拟鹂的雌雄体差异悬殊。雌红胸拟鹂就没有宣泄喜悦之情的本能么？难道它就不会突然间被一阵难抑的喜悦之情俘获？雌红胸拟鹂当然不是例外，只是它的表达比较简单原始，低调地躲在某处，叽叽喳喳一通，或是躁动一阵而已。前面提过的黑霸鹟，有好几个品种的雌雄差异都与红胸拟鹂一样显著。如我们所见，浑身漆黑、静止时如雕像般的独居雄鸟，有一套精彩绝伦的表演。但我也不止一次看到过四五只雌鸟聚着小闹一闹，来一场闹着玩的打斗。

像剪尾王霸鹟雄鸟那样，站在枝头一动不动养精蓄锐一小时后，飞起来唱一支美妙的歌儿，这类程式化的精彩表演似乎与狂喜中的抒情很不一样。那些简单粗放的行为无疑是受冲动驱使，可能有人不同意把有固定套路的表演也看作是冲动情绪的感召。但我们都清楚，大自然里，一切伟大都始于渺小。一朵普通的野花也好，人类自己的头盖骨（更不用说头盖骨里的大脑了）也好，都是这样。毕竟只有极少种类的鸟儿才进化出了高超的歌唱本领。从整体看，我们发现在单调欢快的唧唧啾啾到几近完美的复杂乐音之间，存在各种不同程度的鸣叫。即使单看鸣禽科鸟类，从吵吵嚷嚷但不成曲调的麻雀，到普通朱顶雀，再到金翅雀和金丝雀，不同鸟种的鸣唱高下立现。其中的绝大部分都是只会一些低级原始的歌唱和表演，不仅如此，那些最能歌善舞的品种在幼鸟时期技艺也很不成熟。有一些品种则只有雄鸟有所演进，雌鸟始终停留在初始阶段，快乐时只会兴奋地吱喳、相互打闹追逐，羽色暗淡无华，周身也并无任何装饰，保留着这个品种的远祖形态。大到鲸鱼、大象，小到昆虫，动物的歌唱、嬉耍和任何上天下地的精彩表演也无不是从低级到高级，不断发展演化而来的。

还有一点值得注意，即发情期各种表演发生频率更高，花样也更多。对此似乎可以借用华莱士博士有关颜色和纹饰的理论进行解释。求偶时节，生物处于最佳状态，正值生命力最盛之时，这时候的舞蹈当然最美，歌儿也最妙。草原黄雀鹀自然也会被激情驱使，但表达方式与平常差别不大。反倒是不在发情期时会因情之热烈而生出许多平常没有的变化来，有些候鸟的雄鸟比雌鸟先到达目的地，刚从长途飞行的疲惫中恢复便迫不及待地开始欢歌。这当然不是情歌，因为此时雌鸟根本还没来，且交配期也许还有一月之遥，因此雄鸟的歌声仅仅是在表达自己内心的欢愉。求爱季节的林子可谓十分喧嚣，不仅有名伶的名曲，也有嘶哑的啼鸣，尖锐的嘶喊，尖利的二重唱，热闹的大合唱，击打声，低沉的轰隆，颤颤悠悠之声，敲打木头声——形形色色鸟儿发出来的各式各样的喜悦之声。像鹦鹉那样的鸟儿只会把嗓门一再扯大，直到变成尖声大叫，因为它们毫无声乐天赋。求偶季节总能激发出别样的美，歌声越发甜美、气韵生动，姿态与动作越发自在优雅。但我想说，总有例外。比如有些本来著名的歌者到了发情季却哑了下来，唱得断断续续不成样子。我在巴塔哥尼亚就发现了几种好嗓子的鸟儿，其中还包括一种嘲鸫，和英国的知更鸟一样只在秋冬鸣唱。

　　此处只略作论证，不过即便再多堆叠一些例子也很难进一步证明。因为例子再多，也总是刻意择取的。虽然我的例子来源于同一地区，《人类的起源》是挑选自全球各地，但本质上都是作者刻意挑选出来的例子。对于我的结论可能会有如下反驳：假如我记录了100个而不只是25个例子，那么其中牛鹂这样的情况占的比重会大得多，即雄鸟在发情期有一套专门给雌鸟看的表演。

　　其实我们对动物知识的收集与记载所呈现的只是一个"幻想的王国"，这是不可避免的，因为总有或多或少的主观成分参与其中。假如事无巨细地记录一切，那么稿子必然变得又臭又长，或是干巴巴嚼之无味。因此我们总不得不挑选眼前最重要的一些事实，把它们从原本错综复杂的关系网中抽离出来，省略一些与之相关的次要事实，重新安排，再像拼拼图一样组织到我们的文献中。但我相信，博物学的学生，假使头脑还没因"本本主义"僵化，他们定会抛开书本，直接走进自然去观察动物行为——许多行为写下来似乎变得无关紧要，唯有亲自观察方能了解其意义。这样独立的考察必然会使他们确信，所谓雌性有意识的择偶并非鸟类歌舞表演的原因，雄鸟亮丽的色彩与纹饰也非因性选择而起。的确，脊椎动物与昆虫王国的某些雌性物种择偶时有所偏好，但绝大多数物种都是由雄性主动找配偶的，或是从竞争对手那里赢得雌性。如果看看爬行动物我们会发现，作为形态最多样、色彩最丰富的一目，蛇是不择偶的；再看看昆虫纲，蝴蝶华美绝伦，但也不是雌性去挑选雄性，它们奉行先到先得，与第一个出现的雄性交配；或者雌性被某只强大的雄蝴蝶掳走，就和被螳螂或其他捕食性昆虫抓走没什么两样。

第二十章 / 平原绒鼠小传

BIOGRAPHY OF THE VIZCACHA

20

平原绒鼠也许可以说是南美最特别的啮齿目动物①，它们的某些习性比目前已知的其他啮齿动物有趣许多，而且也是潘帕斯最常见的一种哺乳动物。这一切都在诱惑着我给这种动物立个小传，详细记录它们的习性。应当补充的是，自从我在潘帕斯的家中写下这篇小传后，那儿的农场主们发动了一场平原绒鼠灭绝战，战果卓著——如果站在平原绒鼠的立场上，则该换用"家破鼠亡"这个词更恰当。潘帕斯这场仗打得比澳大利亚人利落多了，澳大利亚引进的啮齿动物是体型小、繁殖力强的兔子，它们在那里泛滥成灾。

在布宜诺斯艾利斯所在的这一片潘帕斯草原上，平原绒鼠二三十只结群而居。它们的"村落"在当地叫"维斯卡切拉"，每"村"有十来条地道，每个入口往往通向两个或多个彼此分离的洞穴。如果地面较软，在开发多年的老"社区"里甚至能有二三十条地道；如果土里多石，那么至多四五条。洞很深，开口大，一个个靠得很近，整个维斯卡切拉占地面积$10 \sim 20m^2$不等。

地道有大有小，尺寸差异很大。每个维斯卡切拉都有几条大型地道，从入口朝内延伸一段距离后，大约$1 \sim 2m$，地道分裂出多个圆形的大洞室。从这些洞室又分出通向各个方向的新地道，有的平行延伸，有的斜下去，最深的离地面将近$2m$，部分地道又同另外的地道相沟通。所以构筑地下居所的过程中，挖出的大量土块被带上来，堆成一座不规则的小土丘，高出周边地面约$40 \sim 80cm$。

在定居的潘帕斯草原，维斯卡切拉的分布情况到底如何呢，这么说也许能让读者有个概念：选对方向，在大草原上骑行$800km$，一路过去维斯卡切拉都不绝

---

① "按照沃特豪斯的说法，平原绒鼠是与有袋目亲缘关系最近的啮齿目动物。但它们与有袋目总体上是接近的，也就是说，不是与某种有袋目动物亲缘关系特别近，与另一种远。两者相似的原因被归为亲缘相近，而不是由各自适应环境，趋同进化而来，因此必然符合我们所提出的'共同祖先'的条件。也因此我们必须推测，包括平原绒鼠在内的所有啮齿目动物都是从某种古老的有袋目动物中分离出来的，所以啮齿目与现在的所有有袋目物种多多少少有些相似，保留了部分中间态。或者啮齿目和有袋目都源出同一祖先。……无论哪种情况，我们都可以说，相比其他啮齿动物，平原绒鼠保留了更多的祖先性状。"——达尔文《物种起源》。——原注

于眼，至少每3km就能看到一个。特别是在冬季，一望无垠的平野上尽是贴地的矮草，魁蓟还没有疯长起来，维斯卡切拉的小土丘冒出来，就像绿色表面上一个个棕色、黑色的小点。它们是规则平原上唯一抓人眼球的不规则物体，因此构成了一道重要风景。有些地区的维斯卡切拉特别密集，坐在马背上一眼望去能数到上百个。

维斯卡切拉的选址与建筑方法使平原绒鼠特别适应开阔平坦的潘帕斯草原，得以在此生存壮大。其他穴居动物似乎总喜欢选在河岸边或是土壤凹陷处挖掘洞穴，或者在茂盛的树丛、灌木丛里。齐整的平地不受欢迎，可能是因为掘洞的时候没地方支撑头部，也可能与它们的警觉心有关，平地作业无处藏身，也无法保证地洞的隐蔽性。假如在潘帕斯草原上种一道树篱，那么负鼠、鼬鼠、臭鼬、犰狳等小动物必定会大规模地涌来，在树篱下钻洞营巢；没有树丛、树篱的话，它们就找多年生的蓟草或其他的遮蔽。平原绒鼠恰恰相反，总选一处最干净整洁的露天平地作业。仔细观察维斯卡切拉，第一眼看到的就是地道口的大尺寸，至少土丘中间的那几个入口总是开得很大，而外部的通常较小。主要地道的开口有如矿井，最宽处在1.2～1.8m之间，有些深的入口高个男子站进去能齐腰。挖掘最初的一条或几条地道时，究竟是怎么在平地上弄出那么巨大的入口的？每次总是一只雄绒鼠离乡，另起炉灶，开拓一个独立的维斯卡切拉。这个物种增长缓慢，又如此不甘寂寞，它们特别享受彼此的陪伴。我们无从知晓，到底是什么诱使它去孤身开辟一个新社区？假如是为了优质的食物，那作为开拓者的这只雄平原绒鼠至少不该在自己老家附近动土，可这个新维斯卡切拉却往往建在离老维斯卡切拉四五十米的近处。所以在平原绒鼠稀有的荒原上，单独一个维斯卡切拉是不存在的；往往是集群分布，好几个彼此相邻，此外在方圆十几千米之内则一个维斯卡切拉都找不到。等第一位开拓者定居下来，这个新维斯卡切拉只有一个地洞，也只有它一个住户，这种情况也许要持续几个月之久。不过，早晚其他平原绒鼠就会加入，它们是这个维斯卡切拉的第一代居民，从它们繁衍而来的一代又一代都将定居于此。与犰狳等动物不同，平原绒鼠从来不建临时住所，子孙后代本分地承袭上一辈留下的房产。一个维斯卡切拉能存在多长时间呢？不好说。据一辈子没离开过家乡的老人回忆，周边的几个维斯卡切拉从他们孩提时代起就在那儿了。

一个维斯卡切拉总是由一只雄性首先动工，建造方法如下，不过也并不全是遵循同一套方法。雄绒鼠笔直开挖，挖出一个30～35cm宽的洞，与地表构成25°左右的倾斜角度。继续挖进去一些后，它就不再满足于把地下挖出来的松土块随意乱丢了，而是统一清理到入口，堆成一条直线，并且不断扒拉压实（明显是为了坡度更缓），很快形成一条约30cm宽、1m长的沟道。沟道的作用我推测是方便运送从地下挖出的土块，堆到离入口更远的地方。过了不久，这只小动物又不满足了，于是他又另造了两条分支沟道，构成一个锐角，有时甚至构成直角，与第一条沟道交汇形成大写的"Y"字形。随着地洞不断被挖深，这些沟道也不停地加深加长。两条沟中间的土壤也被一点点挖掉，最终挖通后形成的空间就是我此前描述过的巨大的不规则开口。有些地方的土壤条件不允许平原绒鼠进行这种开掘。比如南部潘帕斯的土地，近地表分布着大块的岩石，这时平原绒鼠就只能尽力而为，造出来的沟渠也变得不规则。易于坍塌的土质如沙地、砾石等也是不利的建筑环境。

平原绒鼠的洞穴系统与潘帕斯草原的黑红色沃土最相宜，但即便有最佳土壤条件，许多地道的入口也造型各异。有些没有中央的那条沟道，或者中央沟道很短，似乎是两条旁支直接与地道相通；有的两条旁支沟渠过于内曲，几乎成了一段圆弧。还有许多其他形状，但都可以被视作常见"Y"字形构造的一种调整。

我在前文提到，这种打洞方式使平原绒鼠特别适应潘帕斯的环境。那么比起普通的地洞，这样的大开口地洞到底有何特殊优势呢？在斜面上，或是树与岩石的基部当然没有优势；但如果是在一览无余的潘帕斯平原上，这对于洞穴系统的持久度意义重大，而洞穴的牢固当然是平原绒鼠有利的生存条件。地里挖出来的土壤堆成一座小土丘，与入口高度接近，可免于暴雨时被淹，路过的牛也会避免踩踏这矿井形状的大型入口。而像犰狳、豚鼠之流在平地筑洞，洞穴很快遭到牛的踩塌破坏；夏季容易被尘土、垃圾堵塞；而因为土块堆积在同一边，也无力抵御暴雨，雨水流进来冲毁洞穴，不是淹死了里头的住户就是把他们逼了出来。

之所以费许多笔墨描绘平原绒鼠的居所，是因为我认为这对于该地区动物学是一个至关重要的议题。平原绒鼠的建筑体系也许独一无二，但从中获益的绝不单只有它们自己，好几个其他物种的生物也受惠良多。维斯卡切拉的环境特别适合两种鸟类，所以它们常常出没于此，算是这儿数量最多的物种，但在没有平原绒鼠洞穴的地方却极罕见。因为它们需在天然斜坡繁衍，而潘帕斯草原上很难找到合适的地形条件。这两种鸟一种是掘穴雀，它们在平原绒鼠洞穴类似斜坡的那一处打洞生蛋。另一种是小燕，它们住二手房，利用掘穴雀废弃的洞穴。在成熟的维斯卡切拉附近能找到不少寄生洞。

不仅鸟类在维斯卡切拉筑巢，潘帕斯的狐狸和鼬鼠几乎也都来借住。还有几种昆虫在潘帕斯其他地方很难看到，也常来这里。其中最有趣的有这几种：一种是捕食性的夜行昆虫，油黑发亮，翅膀则是红色的；一种是夜行的虎甲虫，外形靓丽，深绿色的条纹翅鞘，淡红色的腿；还有几种迷你的无翅黄蜂。无翅黄蜂我找到了六个品种，多数身上都有鲜明的对比色，如黑色、红色和白色。另外还有一些吃蜘蛛的黄蜂。这些昆虫遍布维斯卡切拉的小土丘上，夏天随便什么时候去，轻轻松松就能抓上几十只，若在别处寻觅，恐怕多是一无所获。就算平原绒鼠用软土堆起来的干土丘不是这些物种的必要生存条件，至少也算一个有利条件，使它们数量大增。而这些物种，不管是捕食性的还是被捕食的，与外部的其他物种有着千丝万缕的联系，由此可知，可能大约有几百个物种的生死存亡都直接或间接地被潘帕斯草原上星星点点的维斯卡切拉影响着，这不是毫无根据的猜测。

冬天平原绒鼠直到天黑才出巢活动，夏天则在日落前就已出门。那时维斯卡切拉的景象真是奇妙极了。一般一只老年雄鼠最先出来，它坐在土丘上某个凸出的地方，显然一点都不急着奔赴晚餐。如有人从正前方接近，它也丝毫不慌张，眼睛放肆地盯着来人看，一副无所谓的样子。如果这人走到旁边去了，它更是不屑一顾，连头都懒得转。

其他绒鼠随后也陆续出来了，不声不响地坐到各自洞口的专座上。雌鼠身材比雄鼠小很多，毛色是浅灰，比雄鼠的淡一些，它们一个个坐得笔直，好像是想让视野更开阔些。雌鼠们躁动不安，摆出各种姿势，发出奇怪的声音，可见内在强烈的恐惧与好奇在支配着它们，因为它们的动作比雄鼠更狂野机灵。有人走近时，雌鼠也盯着看，只是时不时把头偏过去，当来者越走越近，突然间所有雌鼠同时发出一声惊叫，一起跳进洞里。有些雌鼠的好奇心战胜了畏惧，又再跳出洞来对着陌生的来人上下打量，甚至一直看他走到面前五六步外。

土丘上还常常站着一对穴鸮。一般穴鸮都是自己挖洞进行繁殖，有时也会占用维斯卡切拉靠外一些的洞穴。假如不需照料刚生的蛋或幼鸟，它们的理想住所还是维斯卡切拉，甚至能在那儿站上一整天。我就经常看见一对穴鸮夫妇紧密依偎着站在洞边。晚上平原绒鼠出洞来，鸟与鼠两相隔着才不过一掌宽的距离，可穴鸮无动于衷，绒鼠也若无其事，看来它们早已习惯了彼此。通常还会有一对小小的掘穴雀。这种活泼的生物，在土丘和周边的空地上急吼吼地跑来跑去，突然停下来，刻意慢悠悠地抽动几下尾巴，偶尔发一两声鸣叫，或是颤音或是一串短而快且清晰的音符，就像孩子咯咯笑开了怀。在表情庄重，体态静止的平原绒鼠之中，还有好几只甚至更多的小燕。小燕也毫不在意那些绒鼠，兀自挂在洞穴入口的斜坡上，不时像飞蛾一样徘徊飞行，仿佛不知该往哪里落脚，旋即又飞出去绕圈，它们低沉忧郁的鸣声始终不绝于耳。

维斯卡切拉吸引来了各色居民入住，对初来者而言无疑是潘帕斯的一大奇景。

平原绒鼠遍及阿根廷的广阔领土，是相当常见的物种。它们在潘帕斯草原有人定居的区域更是多得不计其数，而在我所去过的一些荒凉地带则相对罕见，地域分布如此不均最初很令我吃惊。我此前已经提到平原绒鼠很温驯，与人亲近，这说的是牧区的情况，在牧区人们从不去干涉它们。而在荒郊野外，平原绒鼠数量少得多，警觉心强，天黑很久后才迟迟出来活动，稍有风声就跳回洞里，所以也很难看到它们。原因很显然，在野外它们有好几种天敌，且都是体型较大的食肉哺乳类。其中最多的是美洲狮，它们也是最敏捷、最狡黠、最凶悍的敌人；以这些标准来评价，似乎美洲虎就弱一些。美洲狮嗜血成性，没什么猎物能从它嘴下逃生，偷袭美洲鸵雄鸟这种最警觉的野物，在鸵鸟窝里大开杀戒；猫一样灵巧地捉小鸟，猎捕昼行的犰狳；出其不意地袭击鹿和原驼，闪电般快速地跳到它们背上，受害者身子还没被压倒在地，脖子就已被扭断。屠杀过后，美洲狮经常一口肉都不碰，弃尸最后会被卡拉鹰和秃鹫享用，屠戮本身就是美洲狮最大的快感。平原绒鼠当然也是美洲狮的猎物。所以不难理解为什么美洲狮出没的地区，即便其他一切条件都有利于平原绒鼠的生存发展，它们还是很稀有，且往往野性十足。但只要人类定居下来，美洲狮遭到驱逐，平原绒鼠的敌人便只剩下狐狸，相对美洲狮来说，狐狸的危险系数根本不足挂齿。

狐狸也是维斯卡切拉的居民。地下一阵咆哮、吼叫和打闹声过后，狐狸成功驱逐了某个洞里的合法业主，霸占地洞住了进去。如果住得舒服，这狐狸就干脆赖着不走了。虽然给逼得拱手让出洞穴，整整一季甚至永远都回不去自己家，但平原绒鼠倒也不见得有多惨。维斯卡切拉的平原绒鼠很快就适应了这位安静的不速之客，况且他也没什么架子，傍晚的时候总和大家一块儿坐在小土丘上。慢慢它们也就不把狐狸当回事儿了，就像习惯了穴鸮一样。可当春天来临，初长成的幼鼠开始出洞活动，这时狐狸便凶相毕露，挑幼鼠下手。如果是母狐狸，有一窝八九只嗷嗷待哺的狐狸幼崽，就更胆大包天，一个洞接一个洞去劫掠无助的平原绒鼠。母狐狸和成年绒鼠厮打，但只把幼鼠掳去，搞得年轻一辈小鼠一个不剩。等小狐狸长大些，能跟上狐狸妈妈了，便举家搬出这个满目疮痍的维斯卡切拉，换个地方继续烧杀抢掠。不过人类却向来厌恶狐狸，哪里有人，哪里的狐狸就会遭到没完没了的迫害。所以渺无人烟的荒野狐狸多，而人口稠密的定居点狐狸少，这里的平原绒鼠也就不用担心狐狸的威胁。

潘帕斯草原上牛很多，当然人们就没必要吃平原绒鼠肉了。平原绒鼠的皮毛也毫无利用价值，所以与狐狸作对的人类，真是平原绒鼠名副其实的恩主。平原绒鼠因此得以在潘帕斯大草原生生不息，代代繁衍，不断壮大乃至于泛滥，变得比半驯养的牛更亲人也更不怕人。倒不是平原绒鼠于人类无害，只是它们的破坏性是间接作用的，不为人察觉，所以二者一直以来都相安无事。最搞不清状况的是牧羊人，作为平原绒鼠的最大受害者，却无知无觉地任它们在自己的地盘撒野，由它们在自己住所附近打洞。他们莫名其妙地仇恨狐狸、臭鼬和负鼠。其实，这三者每年造成的家禽类损失微乎其微，牧羊人却跑出家老远去算账。平原绒鼠明明增长率很低，而数量竟如此庞大，可见它们适应有人的环境，相对来说人类定居的地方于它们并没有不利条件。

雌鼠每年只产一窝，每窝二胎，有时三胎。四月末怀孕，九月分娩，孕期应该不到五个月。平原绒鼠出生二年后步入成年期。成熟的雄鼠身长0.5m有余，体重六七千克；雌鼠长不到0.5m，最重4kg。平原绒鼠的寿命很长，非常顽强。只要有绿色植物吃，就绝不饮水。但要是熬过夏季的久旱，一连几个月都凭着干枯的蓟草茎和凋萎的野草为生，这时如果来一阵雨，即便在正午的光天化日下，平原绒鼠也一定出洞去水洼边畅饮。讹传平原绒鼠吃植物的根，其实它们以草叶和种子为食，极少吃植物根部。平原绒鼠尤喜菜蓟种子。每年三月，多年生的菜蓟或刺苞菜蓟枯干后，它们就把根咬断，草株随之倒下，再把长在顶部已经干了的头状花序撕成碎片，这样就能取出深藏在内的种子。常能看到大片断了根的蓟草横陈在地，周围地面满满铺着一层零落的银色冠毛。咬断高大的植株以取食顶部的种子，这难道还不是智慧的体现吗？事实是，平原绒鼠并非有意为之，除了菜蓟，它们也这样对待其他高大植株，一概咬断而后快。我曾看到几十亩玉米惨遭平原绒鼠破坏，一片狼藉，落地的玉米粒根本无人问津。如果在平原绒鼠夜间漫游之处插一批木杆，只要木头不至于硬得连它们凿子般的门牙都吃不消，木杆就一定会被咬断。

在长满高草的潘帕斯荒野，我当然欣赏平原绒鼠，它们的维斯卡切拉是杂芜之中的秩序所在。这种动物最强烈的本能是清理洞口周边的地面，非弄得一干二净不可。因此农民为了保护作物，必须消灭田里及附近的平原绒鼠。维斯卡切拉及其周边地块，是约半亩地大的清爽空间，地面上甚至还有修剪得齐齐整整的一块草皮。若非平原绒鼠的劳动，这里也将一样是疯长的野草和灌木。在这种环境里，清理住地于它们自然十分有益，因为空地意味着相对安全。它们可以在此放心进食、嬉戏，一有危险立刻飞身一跃入洞，没有任何障碍物阻挡。

当然不论有益无益，生物本能总在稳定运行着。夏季的莱蓟青青，但即便长到了平原绒鼠的地洞边上，它们也毫无兴趣。魁蓟在小土丘上破土而出，肆无忌惮地生长，平原绒鼠还是不管不顾。也许是不喜欢生涩的草浆，也许是怕被硬刺戳痛，总之夏季的蓟草总让平原绒鼠敬而远之。因为平原绒鼠喜欢在棍子、骨头等硬物上磨牙，就像猫喜欢上树磨爪子。一旦蓟草发干，刺脱水变脆，就马上被平原绒鼠按惯例咬断，然后四处拖动，也许正是在这个过程中它们碰巧发现了蓟草种子的美味秘密。

阿萨拉、达尔文和其他许多人都提到过平原绒鼠的另一奇特习性，即如果是它自己咬下的每一段茎秆，每一件可移动物体，都会被又拖又拽，费尽力气拖到洞口，然后堆积起来。这种习性对它们在平原上的生活大有助益，因为随着平原绒鼠把洞穴不断挖深挖宽，挖出来的泥土很快便覆盖了搬来的材料，小土丘就能越堆越高。如果小土丘不够高的话，恐怕潘帕斯草原上每年都会有不少维斯卡切拉被突然来临的暴雨冲毁。这个优势只体现在平原地区，因为平原容易被淹。如果地面有高低起伏，平原绒鼠就在高处挖洞，这降低了水灾风险。即便如此，它们也照样"捡破烂"，与在平原上没什么不同。这种本能是如何形成的，其功能又是什么，很难找出个究竟。相对确定的是，它似乎属于清理居住地本能的一部分。每一株倒下的茎秆，每一块找到的能搬动的物品，都必须被移走，这样地表才能保持整洁。不过平原绒鼠并不把东西转移至远离洞穴的地方，总是朝住处运，再存放到土丘上。人们熟知平原绒鼠的这一怪癖，所以不管夜里丢了什么玩意儿——鞭子、手枪、匕首，失主相信第二天早上去附近的维斯卡切拉准能找到。还有人去维斯卡切拉捡树枝当柴。

平原绒鼠爱干净，很讲究"个人卫生"，毛皮虽散发着强烈的泥土气息，却总是梳得特别整齐。它们的后腿和脚就是生物适应性的极佳案例。尾巴硬而弯，能支撑平原绒鼠直身坐立，后腿脚底的角质盘稳健地撑在地上，颇像人站立的姿态。最厉害的是中趾，皮肤增厚为一个圆形肉垫，上面从长到短有序排列着弯曲的齿状刚毛，这样它梳毛或者抓挠的时候，每根刚毛都能与皮肤充分接触。这个装置的用途当然毫无争议，要不是这把天然梳子，平原绒鼠就没法用后爪抓挠了（所有哺乳动物都会这招）。也正因此，平原绒鼠的脚部结构改变了，以更好地保护这套工具，同时又不妨碍其功能：内趾紧贴中趾，并压在中趾的肉垫下，所以抓挠的时候不会挡住刚毛；假设内趾和外趾一样活动自如，便一定会干扰中趾上的"梳子"。

此外，平原绒鼠挖掘洞前的地沟时，也是用后爪向后剧烈地刨地。这项任务很艰苦，幸好它们匕首形的爪子又长又利，中趾尤长，因此上头的刚毛不会因触及地面而磨损。巴塔哥尼亚的土著特维尔切人的梳头工具就和平原绒鼠的天然梳子相似，不过这样的梳子用来梳头却不怎么合用，要不就是野蛮人很少用。平原绒鼠除尘的方式也很奇特：仰躺在地，两条后肢举过头顶，压低双脚碰到地面。摆出这副怪异的姿势后，它们便开始飞速扒挠土灰，扬起一小阵尘云，完了便身子一弹翻转过来。一般平原绒鼠会在地面挖个洞存放排泄物。有次我掘开一个没有通道与其他洞相连的外围洞穴，竟发现洞底有一大堆鼠粪，一定是多年累积而成。想知道挖洞存粪究竟是平原绒鼠的习惯还是一种偶然行为，那就得多找几个维斯卡切拉考察一番才行。如果平原绒鼠死在自己洞里，几天后尸体会被拖出来丢在小土丘上。

平原绒鼠的"语言表达"相当丰富。雄鼠进食时常常停下来喊出一串打击乐般的声音，怪刺耳的。它不紧不慢地叫唤，通常是一阵低沉的咕哝，叫完又马上接着吃。其中最常听到的一种叫声很像人剧烈咳嗽时喉咙里爆发出的痰声。有时雄鼠也会迸出穿透力很强的声音，甚至能传出一两千米外，开始是小猪仔那种不断重复的、兴奋的尖叫，慢慢地音调拖长、声音减弱，最后颤动着结尾。如果遭遇危险躲入洞中，每隔一会儿雄鼠就有一阵深沉的呻吟，是从它腹腔里传出来的。除了这些，还有许多难以名状的喉音，叹息声，各种或尖利或深长的音调。

并且因年龄、性别、个体情感的不同，平原绒鼠的声音也变化万端。不知世上还有哪个四蹄动物比平原绒鼠更能说会道，语言形式更多样。我喜欢去平原绒鼠成群集聚的地方，静坐下来聆听。它们永远有说不完的话，即使旁边有人也无法打断它们的彻夜长谈。

夜幕降临，平原绒鼠便全体外出觅食。在它们聚集处（有的地方多得密密麻麻），任何一个突然的响声，枪声也好，打雷声也好，必能激起令人瞠目结舌的效果。巨响一破开夜的寂静，刹那间便从四周卷席而来一场平原绒鼠的尖叫风暴。八九秒钟后尖叫声平息下去，然后再次蓄势而发，比第一次的声音更大。每只绒鼠的声音都极具个性，以至于听者能在远处传来的纷乱咆哮声中分辨出近处几只绒鼠的喊叫。听起来仿佛成千上万只平原绒鼠每一只都把嗓子扯到了极致，声嘶力竭地宣泄着情绪，语言自然无法描述这样的盛大场面，初次经历者必定大开眼界，震惊至极。如果鸣枪几次，平原绒鼠就一次叫得比一次轻，等三四次后反而完全不当回事了。

看到狗，平原绒鼠的反应则是发出一种古怪、尖锐的警报声，传得很远，并不停地重复，直到每个成员都听到。警报声很管用，绒鼠听到后立刻就飞奔进自己的洞里。在夜晚出洞觅食的时候遇上狗，平原绒鼠如临大敌，因为跑得再慢的狗也能轻易追上它们。如果是傍晚坐在家门口的土丘上，它们对狗就轻蔑得很，甚至刻意挑衅。如果这狗碰巧是个新手，尚缺对付平原绒鼠的经验，它一看到绒鼠就会迫不及待扑将上去。而它的目标物则镇定自若，眼看着恶敌飞奔前来，偏等跑到跟前一两米处，才钻进洞里。屡次挫败后，狗学聪明了，还用起了计谋。它好像暂时变身成了一只猫，伏低身子偷偷摸摸靠近绒鼠，脚步放慢，落脚也谨慎，毛发一根根竖起，尾巴垂下，两眼盯住目标一眨不眨。如此潜行到距离目标七八米远处，它才一个猛扑，但照样失望而归。这场次次落空的狗鼠游戏，狗每次都扮演蠢相毕露的丑角，但它似乎一点也不厌倦，次次都兴致勃勃。而这对博物学家来说也颇有看头，可见潘帕斯的土狗因为应对平原绒鼠而生出了一种新的狩猎本能。这种本能假如经过人工选择、培育，一定能臻于完美。不过我想，能像猫一样捕猎的狗于人而言似乎并没有利用价值。训练狗去追捕夜行的披毛犰狳，最难办的就是它们对平原绒鼠的根深蒂固的原始激情（也许是遗传而来的），中途它们总是隔三岔五就抛下犰狳，徒劳地奔着老对手绒鼠而去。通常得经过几百次打骂训斥才起效。

接下来这个例子可见平原绒鼠对人类毫无戒心。几年前有次我接连三个晚上出门猎杀平原绒鼠。我走得不远，只在离家四五分钟步行距离内的四周作业，一再造访那几个鼠洞。三晚共射杀了60只绒鼠。可能还有差不多数量的绒鼠负伤逃回了洞里，因为杀死它们并不容易，即便受了重伤，只要坐在洞口附近就几乎都能逃掉。可到了第三晚，我发现它们的警觉性还是一点没提高，射杀到的数量和第一晚差别不大。这以后我便厌倦了这项活动，实在太没挑战性了，一杆猎枪消灭不了也吓不走它们。

在这儿吃平原绒鼠肉的可不多，算是稀奇事。大多数人，尤其是高乔人有一种愚蠢的偏见，没来由地嫌弃绒鼠肉。我倒发现它们很美味，写到本章的时候本人已经享用过好几种不同做法的绒鼠肉。幼鼠很寡淡，成年雄鼠肉质硬，但雌鼠味道奇佳，肉嫩而白，香味扑鼻，有一种特别的野味儿。

过去十年间潘帕斯开荒，新增了许多田地，农人因此不得不除掉满地泛滥的平原绒鼠。许多养牛的牧场主也跟风纷纷铲除庄园里的绒鼠。据阿萨拉说，如果把鼠洞堵住，平原绒鼠就会死在洞里。当然这也是他听来的传闻。其实活埋以后，绒鼠还能在洞里存活10～12天。而且只要附近没有恶狗出没，附近的平原绒鼠会赶来营救同胞，把埋上的洞掘开。乡里的雇佣工人对这些情况了如指掌，知道如何才能根除绒鼠窝，所以常替庄园主灭鼠。虽然灭一个维斯卡切拉只能拿到十便士的一笔小钱，但这还是比其他钱好赚。白天先把鼠洞挖开一些，再用大量泥土填上。晚上再带着狗在洞边巡视，驱赶前来营救的别村绒鼠。等庄园里所有的维斯卡切拉都填埋上之后，雇工还得按约守上8～10天，酬金方能到手，因为直到那时才能确保活埋的绒鼠都咽气了。几个雇工告诉我，有些绒鼠挨过14天还活着，证明这种动物多么能忍耐。在我看来，活埋灭鼠的方法不新奇，洞填上以后平原绒鼠自然无处可逃。许多其他穴居物种的洞堵住后，也一样会死去。奇特之处在于，其他平原绒鼠竟从大老远的地方赶去搭救被活埋的同胞。绒鼠救援队干这事儿很拼，我几次日出后过去观望，发现它们都是从很远的维斯卡切拉特地赶来，在很卖力地挖洞。平原绒鼠喜欢彼此作伴，可以和平共处，交友不局限于本社区的邻居，但凡同胞便能友好交往。入夜后，很多平原绒鼠都会离家，去相邻的维斯卡切拉串门。如果晚上去某个维斯卡切拉，常常有几只平原绒鼠看到人来，惊慌逃窜，逃向远处的洞穴，它们就是来作客的邻村友人。由于这种交往颇为频密，久而久之两个维斯卡切拉之间就辟出了几条笔直的小径。不同社区的成员相互依恋，情谊深厚，自然也就不奇怪它们互帮互助了。平日常相往来的朋友遭活埋，也许是深深的思念迫使它们出手，也许是听到土里囚徒的痛苦叫喊而前来营救。许多社会性的动物都不忍听闻同胞的痛苦呻吟，如鼩鼠、貒等动物甚至会冒着生命危险试着搭救同胞。

尽管平原绒鼠性情温和又喜社交，但它们的洞穴却是神圣不容侵犯的领土，任谁都不可跨进一步。一旦越界，被侵犯的绒鼠立即怒气冲天。也有几只绒鼠同住一洞的情况，但分住在不同洞室，外人即便是隔壁邻居也不可以进自己家门。平原绒鼠间的友谊发乎洞口，也止乎洞口。事实上，就算是逼也很难把它们逼进别家的洞里去。即便有恶狗在后穷追不舍，它们也不肯屈就。要是逼得无奈真进去了，那么哪怕敌人稍有后退，它们就立即冲出来，好像那个藏身之处并不比外头安全多少。我多次看到危急中进错洞的平原绒鼠，马上就被里头的主人赶了出来，有的逃出来的时候已被狠狠咬了一通。

我收集到的关于平原绒鼠的趣事实已悉数记录在此。以后再有人重写平原绒鼠小传，肯定还能有所补遗，不过想必很难再有突破性的发现。我只在巴塔哥尼亚和布宜诺斯艾利斯观察过这种动物，发现在不同地区的不同环境里它们表现出截然不同的习性。因此可以确定，在更偏远的地区，条件变更，还会产生更多的变异。

而最值一提的是，虽然沃特豪斯和其他研究过平原绒鼠亲缘关系的一些学者都认为它们保留了大量有袋目动物的特征，是啮齿目动物中最低等的一族，但事实上，平原绒鼠比其他啮齿目动物聪慧得多，不仅胜过南美的啮齿目，也比其他大陆上的品种强。类似的例子还有披毛犰狳和大林秧鸡。披毛犰狳虽然是贫齿目，却本领高强，狡黠聪明。而拉普拉塔最大的秧鸡科鸟类——大林秧鸡也没有得到公正对待，明明有勇有谋，勇气和智慧都远在家鸡之上，帕克教授却从解剖学家的角度出发将其认定为"头脑简单，胆小懦弱的一族"。

第二十一章 / 原驼将死

THE DYING HUANACO

21

为免标题误导读者，我必须首先声明原驼①并没有灭绝，且按目前的情况来看短期内也算不上濒危物种。虽然文明之光照耀的人类，尤其是英国人，正热火朝天地致力于消灭一切高级哺乳动物。这场光荣圣战的赫赫战果将由下一代人见证，他们也将比这代人更热衷于征服自然。所幸原驼生长于贫瘠荒芜的地域，栖息地缺水干旱，不适宜人类居住，才没遭此没顶之灾。正由于特殊的生存环境，大多数原驼得以"寿终正寝"，而本章标题中的"死"即是指自然死亡的原驼临死前的古怪本能。

先简单介绍一下原驼及其习性。原驼是一种小型骆驼——所谓"小"当然是与它们的亲戚骆驼相比。不像旧世界的骆驼，原驼没有驼峰，且无疑是地球上一种极为古老的生物。我们所知的最早的骆驼类动物如先兽、长颈驼等，遗骸可在中新世②沉积的地层中找到，而原驼也许就曾与它们共生在那个久远年代。原驼的分布遍及南美，南至火地岛及周围岛屿，往北覆盖整片巴塔哥尼亚地区，再沿着安第斯山脉向北进入秘鲁和玻利维亚境内。安第斯山脉既有野生的原驼，也有古代秘鲁人驯化的驮畜家羊驼。其实家羊驼只是原驼的一个变种，由于驯养过程中其产生了大量变异，导致有些博物学家以为它们是另一截然不同的物种。东方人的骆驼也和家羊驼一样已完全被驯化，野生骆驼已不存在。由于驯化历史悠久，家羊驼有足够漫长的时间变异，偏离其野生性状，演化为吃苦耐劳的牲畜为人服务。驯养家羊驼绝非太阳之子③首创，应该是他们从先人，即印加文明之前的安第斯山众多部族那里继承而来的。至于安第斯山脉的文明历程可以追溯到多

---

① 原驼是南美洲本土的骆驼科羊驼属动物，广泛分布于南美洲西部与南部，但从19世纪开始数量急剧下降。除原驼外，羊驼属还有家羊驼和羊驼两种已经驯化的家畜，而原驼被认为是它们的野生祖先。因为原驼、家羊驼和羊驼可以杂交，有些学者将这三个种看作一个种。——译者注

② 中新世为地质年代新近纪的第一个时期，开始于2300万年前到533万年前，介于渐新世与上新世之间。——译者注

③ 太阳之子是指印加人。15世纪印加人在南美建立了强盛的中央集权的奴隶制帝国，以今秘鲁和玻利维亚为中心，印加为其最高统治者的尊号，意为太阳之子。16世纪时因西班牙殖民者入侵而灭亡。——译者注

远的过去,也许真如著名的美国考古学家斯夸尔斯所言,的的喀喀湖边的蒂亚瓦纳科古城遗址①与古埃及的底比斯一样久远。

不过我在本章只关注野生的原驼。成年雄性原驼高2～2.5m,肩以下高度约1.2m,全身裹着厚厚的毛,质感如羊毛,颜色浅红,腹侧的毛较长,颜色也最淡;其实外形与骆驼殊异,只有长腿和脖子相似;头型精巧,有一对长耳,举止高傲优雅,颇有羚羊的风度,反而不怎么像它们的亚洲亲眷——畸形的(美学角度)庞然大物骆驼。原驼喜群居,常见的是小群,在巴塔哥尼亚南部荒凉多石的高原也偶尔有几百只甚至上千只的大群。即使在绝大多数食草动物都要挨饿的穷山恶水间,原驼也能滋润过活,茁壮成长。驼群进食时,会派一只原驼驻在半山腰放哨,一有危险便发出尖利的嘶鸣报警,驼群闻声立即飞奔逃跑。原驼极其胆小、机警,偏偏又充满好奇。如果来者是单枪匹马的骑手,它们便清楚用不着害怕,不仅凑上去细细观察一番,有时还追赶着他跑上好几千米。它们也很容易兴奋,时不时陷入莫名其妙的癫狂。达尔文写道:"我在火地岛的山里不止一次遇到过这种情况。朝一只原驼走去,只见它又是嘶鸣,又是尖叫,还四处蹦跳,滑稽透顶。显然是在挑衅。"金船长也提过驾船驶入阿根廷德塞阿多港时,看见一只原驼追击狐狸,追的和被追的都跑得飞快,一下就跑出了视线外。我自己也见过几只驯养的原驼,特别喜欢人的爱抚,是聪明有趣的宠物,可又经常调皮捣蛋得不得了,招主人烦。

巴塔哥尼亚的南端有个地方是原驼的葬生之处,周边平原上的原驼临死前都会赶去那儿埋葬自己的尸骨。最初的记载来自达尔文和菲茨罗伊的私人笔记,他们的观察后来也得到了其他人的证实。其中最有名的原驼葬生地位于阿根廷圣克鲁斯河与加耶戈斯河河岸,那里的河谷生长着茂密的原始灌木与矮树丛,地面堆积着一代代死去原驼的累累尸骨。"这种动物,"达尔文写道,"临死前,大多是在

---

① 蒂亚瓦纳科意为"创世中心",是玻利维亚印第安古文化遗址,位于玻利维亚与秘鲁交界处的的喀喀湖以南,集中了大批宗教、建筑、绘画、雕刻,以及高度发展的古印安文化。——译者注

灌木下或树丛间匍匐着。"对于社会性生物而言，这项濒死本能可谓离奇。要知道原驼终其一生都在开阔、贫瘠的高原与山地生活啊！这又是多么好的绘画题材！昏昧的灰色荒野，矮小的荆棘丛，古老可怖，枝叶稀疏，几千年来白花花的兽骨在树底的石地堆叠，滋养着这片矮林。树丛间透进几缕落日余光，光线幽微，冷寂寂，灰茫茫，静悄悄——原驼的各各他[①]。从不可确知的远古开始，在悠悠的岁月长河里，这个族群的无数个体自山川平原跋涉而来，来此经受死亡的剧痛。想象一下，多少痛楚就这样悄然融入了嗫声不语的伤感大自然。瞧，又新来一头朝圣的原驼，费力穿梭于紧密的灌木丛中，似乎耗尽了他最后一点力气。他已然年老体衰，长毛稀疏，零乱脏污，暮光里显得那样憔悴，仿佛一个幽灵，深陷的双眼因死亡将至而混沌无光，茫然地看向天地间的阴沉。英格兰画家也许能在画布上再现这一场景，捕捉其中的情感——大自然中一出神秘、无情的悲剧。我说的是J.M.斯旺[②]，创作《浪子》与《护崽的母狮》的那位画家。

关于原驼葬身之地及濒死本能的记述，达尔文还有以下补充："我虽完全无法理解，但总看到圣克鲁斯受伤的原驼无一例外地走向那条河。"

当然，断言任何一项生物本能具有绝对的独一无二性，都未免太过轻率。可是如果暂且搁置关于亚洲象埋葬地的一些似是而非的报道（最初似乎起源于水手辛巴达[③]的故事），那么就我们目前所知还没有其他哪种动物死前有类似行为，原驼临死自发前往特定的丧生之地至今还是一个孤例。而这之所以如此让人好奇，最主要还是一个"奇"字。实际上，这种行为倒不像是低等动物的某种本能，而更接近人类的某些迷信仪式，因为人类对死亡有所认知，且相信肉体死亡后的灵魂还能永生。某些古代部落认为人死后的灵魂唯有从本族或本家的祖茔出发，然

---

① 各各他是耶路撒冷西北郊的一座山，相传耶稣就是在此山的十字架上被钉死，因而是耶稣的死难地。——译者注
② J.M.斯旺（1847—1910）是英国画家、雕塑家，擅长动物题材。——译者注
③ 辛巴达的故事来源于阿拉伯《一千零一夜》，讲述了水手辛巴达与同伴征服七海的奇异旅程。——译者注

后沿着人眼看不见的一条破旧古道，或向西，或升天，或入地，方才能找到永恒的居所。

原驼的这种本能因奇特与无用（对于整个物种以及每个临死的个体都没有任何意义）在动物界独步天下。此外也还有着许许多多不实用的动物本能。我们有理由相信，这些无用的本能曾在相应物种的生命中扮演着重要的角色，后来因为外在生存条件变迁或是生物体本身发生了变化，又或二者兼有，才变得无用。也就是说，为这项本能赋予意义的特殊条件失效了，与其完美匹配的本能却没有随之退化，而是进入休眠状态，一旦产生与旧条件相似但不同的某种新刺激，又会被重新激活。这么看的话，也许可以认为原驼这种本能是自远古遗留而来，就像人类某种早已丧失意义的仪式，或者又像古代历史的一个碎片或者一项传统，在历史进程里被误读，以为原驼去了一个从未到过的地方，其目的是赴死。之所以说赴死是一个误读，是因为首先，一种无益于物种生存壮大的本能竟得以生成并一直延续下来，这是不大可能的；其次，去特定地点赴死也不会有益于某个种族。因此我们可以假定，死亡缓缓降临的时候在原驼身上产生了一种特殊的感觉，这濒死时的感觉恰好与原驼在这项奇特本能成形初期所感受到的极为相似，一种威胁生命的痛感；而如何从痛苦中安全解脱，对原驼来说唯一的办法就是去那个内心铭记着的地方。我们还能进一步假设，最初的时候，只有一部分原驼记得这个避难所，慢慢整个群体形成了习惯，最后习惯演变为一种本能，以至于每当感受到相似的威胁，老老少少都能准确无误地向避难所进发。正是这项本能不断成熟，臻于完美，才使原驼幸存下来。在哺乳动物遭遇生存危机的时期，险恶的环境持续了几百甚至几千年，无数不如原驼坚强、适应性差的物种纷纷灭绝，原驼却逃脱了噩运。在那过后许多个世纪，这项本能已没有存在的必要，但还将继续保留下去，每当某种引起错觉的刺激产生，便又会重新启动。

如果我们相信以上的解释有一定的可能性，那么原驼脱离群体去古老的葬身之地赴死，实际上是本能地寻找记忆中的避难所，而不是葬身地。照此看来，这种行为不再神秘莫测，我们回到了实实在在的现实里，也就不再像之前那样把它看作绝对的独一无二。我们发现，至少在爬行纲生物中就有一种非常重要且人所共知的本能与原驼的极为相似，甚至能帮助我们了解原驼这种本能的起源。那就是在温带和寒带地区，某些蛇类每年会去同一蛇洞冬眠。

一个典型的例子就是北美寒冷地区的响尾蛇。冬天来临响尾蛇会躲起来冬眠。有人观察到在某些地区，周边数百甚至数千条响尾蛇会前往祖先留下的一个蛇洞，在那里集结，共同进入休眠或半休眠状态，直到来年春天才出洞，分散开，各自奔赴夏天的栖息地。每条蛇是如何得知存在这么一个冬眠洞及其地理位置的呢？显然这个知识不是通过一代传一代传播的，不是小蛇每年跟着大蛇返回而形成的习惯，因为小蛇很早就抛弃了大蛇独立生活。天冷下来的时候，冬眠的蛇洞也许距离小蛇出生地很远，在十几千米，或35km之外。因此一年一度回到蛇洞冬眠是一种本能，就像某些鸟类到了秋季会向温暖的低纬度地区迁徙一样。响尾蛇集合成群，相互依偎着共度寒冬，这显然有利于它们的生存。一旦养成每年去同一地点冬眠的习惯，这些蛇会比其他同类更具生存优势。我们可作如下猜想，最开始只有几条蛇，甚至只有一对响尾蛇夫妻常去某个深邃、干燥、有遮蔽物的洞穴过冬，能避开天敌；所以在优越的环境下它们体魄增强，繁衍了大量子孙后代，因此到了夏季，小蛇四散开去，离冬眠地越来越远。而它们散得越远就越有助于强化这种本能。因为寒冷季节来到，那些无法找回老巢过冬的小蛇就像是族内的"边缘人"，只能就近找一个洞凑和，也就意味着更多的危险，更容易遭灾。大多数蛇还没衰老就被杀死，1000条蛇里没有一条是自然老死的，这并非夸张。而一些繁殖力弱、但组织力强的动物面对天敌和灾难能更好地自保，因此得以走完生命的周期，等待死亡慢慢降临。假如蛇类也一样，我们可以想象这种怕冷的动物，当死亡追近，生命力的衰竭会使它们产生一种与气温降低时一样的感受。那么即便是盛夏，老弱病残的蛇也会在本能指引之下游向冬眠洞那个古老的避难地。在那儿，祖祖辈辈的响尾蛇安全度过了一个又一个漫长的严冬。

原驼从来不是冬眠动物，但我们必须假定，它们和北方的响尾蛇一样养成了特定季节在特定地点集聚的习惯；原驼的特定季节就是遭受苦难的时候，最初正是痛苦与危险让它们养成了这个习惯。再假定这个习惯保留了很久，和响尾蛇的例子一样，久到固定下来，变成了一种本能，那么小原驼不用教也能独自从遥远的地方走回集合地。于是也就不难相信，当生存条件改变，不再需要避难地了，原驼还继续保有这种本能知识。受伤后的疼痛、疾病带来的痛苦会把它们带上老路；而临死前生命力减弱，感官钝化，呼吸衰竭，血液变得薄而凉，这种濒死体验也必然驱使它们走向古老的避难所。

我相信大多数动物观察者都遇到过这样的例子，即动物因为虚假的刺激源立刻自动地、本能地作出反应。这里将记录一个我亲身观察所得的例子，它与我正在思考的问题很切合。这个例子是关于习惯的，但并不会与我的论证冲突，因为在我的假设里，原驼这项本能正是起源于习惯的。原驼是脊椎动物亚门下最高等的哺乳纲的成员，它们睿智聪慧，最开始因为常去同一个地方避难而养成了习惯，习惯得到强化成了坚不可摧的完美本能。所以习惯是本能之母，是本能的第一代泥塑模型。

在阿根廷潘帕斯大草原上，骑乘马临死前跑回家里或跑到主人家门口这样的事儿很常见，我亲眼所见的就有两次。我所说的是那种没阉割①且被粗暴对待的骑乘马，它们把主人当仇敌而不是当朋友，平常散养在露天空地，等要用它们的时候得去抓来关入畜栏，或是趁它们跑动的时候扔个套索凶狠地拉过来。我孩提时代第一次见到骑乘马跑回来死在家里，那时的情景仍然历历在目。一个夏日傍晚我出门去时，看见门口站着家里的一匹马，它身上没上马鞍也没戴缰绳，头倚在门上。我上前去摸了它的鼻子，然后转身问旁边一个本地老人这意味着什么。"我想它是快死了，"他回答说，"马儿经常跑到屋门口等死。"第二天一早，这可怜的畜牲就被发现躺倒在离门20m远处，断了气。前一天晚上我摸它鼻子的时候它好像并没有生病，所以我看到马倒地死去的样子，想起老人的话，觉得这种行为真是太不可思议了。这就像是野生动物，如美洲鸵、小鹿或巴塔哥尼亚豚鼠，

---

① 阉割可以使马的工作性能稳定，胆子更大也更温顺，容易调教。——译者注

竟然跑到它们永恒的仇敌、捕杀者——人类的门前，吐出最后一口气。

如今我的看法是，潘帕斯的骑乘马得病以及临死前的感受与另一种它们常有的感受很相近，那就是长途骑行的痛苦——饥渴交加、精疲力尽，再加上沉重的马鞍带来的压迫感，与勒紧的皮质肚带引起的呼吸困难。而这被奴役的畜牲记得无论如何最后自己总能得到解放，长达十几个小时的折磨会过去，劳累和饥渴也会过去，巨大沉重的马具终会卸下，然后自由、食物、水和休息就来了。这突然的解放总是发生在主人家门口，因此当病痛战胜恐惧，患病的骑乘马就会来到主人门前，企望再次得到救赎。

我和一个朋友讨论过这个问题，他头脑灵光，有着关于马和很多其他动物的丰富经验，野生的、驯养的都很熟悉，并且足迹遍及全球许多地区。他对潘帕斯骑乘马死前回家这回事提出了一套完全不同的解释，并认为比我的说法更简单、可能性更大。那就是，将死的或者患病的动物会本能地逃离同伴，这是一种个体的自保，用以应对另一种众所周知的动物本能——健康的动物会纠集整群欺压患病成员，不给病者康复的机会。所以患病动物不仅仅想要离开同伴，还想找一个同伴不会跟来的僻静之处，这样同伴就找不到自己，也就躲开了眼前的危险。可在潘帕斯牧区，平阔又没有大树的旷野之上，不论身在何处都能轻易找见，没有任何藏身之地。于是，骑乘马为本能中的恐惧所驱使，只好去一个其他马儿避之不及的地方——主人家。主人家屋子周边就是一块僻静之地，这里曾经是它的恐惧之源，可眼前患病的恐惧显然已迫使它忘掉了旧的仇怨。就像受伤的野鹿为了避开鹿群，情急之下窜进了从不造访的林子深处，暂时忘记了密林深处潜藏的种种危险。

我认可友人这套说法，倒不仅仅因为其独创性，而是因为这是除了我的假设之外，唯一行得通的解释。而关于这种半驯化的、遭残忍奴役的潘帕斯骑乘马我还要再补充一个事实，以进一步佐证我的观点。有些骑乘马从主人手下脱逃后，披着马鞍、束着缰绳在大平原上游荡一夜或一天一夜，最终还是自愿地回到了主人家，这种事儿也很多见。显然回家的骑乘马是想要摆脱身上的束缚。我知道有匹马每次都得像抓捕野生动物那样才能捉回来,每次装上马鞍都想挣开,这样一匹马逃走后在外游荡了二十几个小时还是回来了,因为戴着马鞍和缰绳的自由是不舒服的自由。

骑乘马向来视主人为仇敌,习惯了从他身边逃开,为了解开身上的马具却主动跑回主人家。这种行为当然比临死的马儿因渴望消除病痛而跑回来更聪明,但二者的动机并无差别。主人家门前是马儿苦役开始与结束的地方,它的痛苦一次次开始于此,也一次次结束于此;因此当另一种痛苦袭来,这与旧痛苦面目相似的新痛苦便裹挟着它向这扇怨恨已久的门跑来。

再回到原驼。我们已经假设原驼死前的本能起源于它们避难的习惯,即在过去某个时期,原驼因为遭遇某种危险或经受某种痛楚而前往一个特定地点寻求庇护。因此无妨再进一步推测当时它们遭遇了什么样的危险,以及生存境遇如何。

如果原驼的祖先真像博物学家推测的那样,早在遥远的中新世就存活于地球上,那么也能顺理成章地推理出尽管生存环境历经巨变,但原驼幸存了下来,而许多其他的哺乳动物则在漫长的地球历史里销声匿迹了。不妨由我们想象一下,在某个远古时代,巴塔哥尼亚的气候发生了变化,变得愈加寒冷。原因也许是南极大陆北部海岸的冰川不断增加,经过几个世纪的累加,今天的海面在那时冻结成了坚冰。如果气候变化是一个缓慢的过程,每一个冬季的积雪都比上一个的更厚、化得更慢,那么智慧如原驼,这样一种坚强、积极的群居动物,又能靠进食干燥的木本纤维为生,必定能够逐渐形成新的习惯来应对新的危险,因此也最有可能在这样的变化中幸存下来。其中新习惯之一就是,当积雪深厚的酷寒天来临,常在同一处出没的几群原驼会汇集到河谷地带一个环境最优越的地方。当周边地区冰天雪地,积雪堆叠,久久不能消融,而这里却植被浓密,还有食物供给。事实上,那时原驼的避难地选址就正好与现在的葬身之地重合。原驼躲在其中避开了刺骨寒风,又有树枝树皮果腹,一大群挤在一起产生的热量可以融化脚下的部分积雪,紧密交缠的硬树枝是挡雪的天然屋顶。多重保护之下,原驼就能挨到温和的季节到来,然后从这里得到解放。一代又一代原驼就这么熬了过来,其间体质孱弱的个体全被淘汰了,在特定时间找不到避难地或行动犹疑错过时机的个体也死去了,但它们的死却有利于整个物种的生存发展。

值得一提的是所谓的"丧生之处",是巴塔哥尼亚南端的原驼独有的。至今为止还没有在巴塔哥尼亚北部以及智利和秘鲁境内的安第斯山区观察到原驼的这种本能。

第二十二章　牛的怪异本能

THE STRANGE INSTINCTS OF CATTLE

22

本章旨在讨论群居动物一组怪诞而无意义的本能，这几种本能的情绪反应至今还没有合理的解释。除了第一种和最后一种外，它们的成因彼此间并无关联。之所以集中放在本章讨论，主要原因是这些本能在家养动物身上还有所保留，因此是人们最熟悉的。此外这些本能都是如我所说无意义的，于动物本身无益无用，并且在我们看来它们所激发的情感与行为模式也大同小异。象、猴、狗、牛这些具备了相当的智慧与社会组织能力的动物，进化程度与人类最为接近，眼看着它们因冲动而失控，有时变得几近疯狂，有时则像人一样被邪恶的激情裹挟，会使人感到不悦，甚至极为不快。

这组本能是：

一、因闻到血腥味而兴奋不已。这在家养的牛马中就很显著，但表现程度各异，从几乎难以察觉的轻微情绪到极端愤怒或恐惧都有。

二、某些动物因看到艳红色或亮红色的布而激动发怒。这显然是一种癫狂，牛的反应最大，也最出名，因此涌现了一大批家喻户晓的相关谚语和比喻。

三、欺负患病或体弱的同伴。

四、发现某一成员痛苦不堪，整群动物突然集体暴怒，欲将该成员置之死地。食草类哺乳动物踩踏并以犄角冲抵这个被痛苦折磨的成员，把它杀死。而狼群及其他脾气火爆的食肉类动物常常残忍地将这个同伴撕扯成碎片，甚至当场吞食。

先把第一、第二种合起来看。因为血是红色的；闻到血腥味也许动物就联想到了鲜红的颜色；而看到或闻到鲜血则使它们联想到伤口，想到受伤或被抓同伴的痛苦呻吟和愤怒、恐惧的叫喊。这么一想，似乎一下子就可以把这两种本能归结为相同的起源——即源自恐惧和愤怒，动物因看到同伴被敌人击倒在地、受伤流血和死命挣扎的场景后产生的感受。我倒并不是说那样的画面真的会浮现在动物脑中，它们感受到的是一种由本能催生的激情，但这种激情与经验和理性指导下的激情其实是一样的，且运行模式也相同。

可关于这第一、第二种本能,我越是思索就越倾向于认为二者并非同源。第一种本能,牛、马与许多其他野生动物为何会受到血腥味刺激而情绪激动,我依旧认可前述理由,即动物自遗传而来的种群记忆在鲜血的气味与敌人之间建立了联系,血的腥味误使它们认为附近有危及生命的强劲天敌。而第二种本能,我后面讲第四种也是最残忍的那种本能时还会再提到。

下面这个例子就表现了潘帕斯草原上放养的牛群在血腥气味的逗引下反应剧烈,近乎癫狂。一天我带枪出门,在离家几千米处发现那里的草有明显碾压或踩踏的痕迹,并且沾染了血污,应该是前夜有伙高乔人盗匪在那儿偷摸着屠了头肥牛,又怕被人查到,干脆骑马把整头牛运走了。我继续前行,看到一群牛,大约300多头,正向着1km外的溪流缓慢行进。牛群排着细细的长队,预计会隔着七八百米的距离路过那块血污的草地,可是从血污处来的风必然会刮过它们的行经路线。当那带血气的腥风吹进了几头领头牛的鼻子里,它们马上原地立定,昂起头来爆发出激动的咆哮,接着竟然干脆调转方向小步快跑起来,直追那股血腥味而去,跑向同伴遇难的地方。很快整个牛群都受到感染,全体成员都冲到那里集合,在那儿密压压、乱糟糟地绕着圈,咆哮声此起彼伏。

顺带一提,在这种场合牛群有着特殊的交流用语:先是一阵简短的喊叫,像是激动的惊叫;接着是洪亮的呐喊,它时而低落为嘶哑的低语,时而升高变成尖叫,听得人耳朵生疼。其实我很喜欢普通的"牛歌",也能像欣赏悠扬的鸟鸣与林间的风声一般欣赏它,可鲜血引发的癫狂之音真是太折磨人了。

挤到血污地中央的牛发了疯似的抓刨泥土,牛角掘地,踩踏冲撞,场面难堪。外缘的牛则一边不停地兜圈子,一边悲号哀鸣。这场景就像印第安人村子里的战士身亡后,村里的女人围着这家人的草屋一圈又一圈地绕,同时作出悲伤的样子哭天抢地,持续整整一夜。

接下来讨论"公牛与红布"。

许多动物都会被鲜亮的色泽吸引,这大家都知道。高等的哺乳动物也不例外，只是程度上与鸟类和昆虫不同。但这只能部分解释为何公牛对红布耿耿于怀。鲜红的旗帜不论在风中飘扬或只是平摊在地上，都对公牛有着致命的引力，对其他动物也一样。虽然公牛对这鲜艳的东西深感好奇，倒还不至于因此发怒。奥秘在于，只有在公牛眼前挥动这艳丽的颜色，它才会失控。因为动态的红色使公牛注意到背后操纵的人，注意力集中在统治、奴役它的那个物种身上。公牛惧怕人类这个异族，但还不至于怕得俯首称臣，它天生大胆，甚至时不时就把这种恐惧镇压下去了。于牛而言，人总是粗暴干涉它的自由，它因此常对人冷眼以待。可亮色不仅迫使公牛注意到人，而且使它产生错觉，误以为人就在附近，正不怀好意地朝自己步步紧逼。这对牛来说意味着侮辱与挑衅，而脾气火爆的公牛当然是不惮应战的。

有一回在潘帕斯我和几个高乔人站在畜栏门口，一群放养的牛正被赶进畜栏。其中一人逞能，下了马站到门中央。离他最近的那几头母牛中有一头很快就注意到了，于是把犄角压低，看向这人的眼神里满是敌意。这高乔人冷不防拉开身上的斗篷露出里面红色的内衬，那头母牛立刻狂怒不已，猛然冲撞上去。此人快速躲到一边，成功避开牛角。我们把母牛赶回队伍以后，这人再次以相同的方式挑衅它们。这个实验重复了好多次，每次结果都一样。这时整群牛都沸腾了，怒气冲冲，就算这人只是站着而已，它们也摆好了随时进攻的架势。只不过此人两旁各有一队跨在马背上的骑手，个个手里攥着套索，威慑力十足，牛群暂时还不敢轻举妄动。可如果其中一头牛被斗篷的红布吸引过去，眼神定在此人身上，这头牛就会全然忘记其他骑手的存在，熊熊燃烧的怒火会把它们的恐惧吞噬掉。

我想，那些与红布结仇的动物，其实大多数本身就是火爆脾气，容易激动发怒。鸟类代表就有家养的鹅和火鸡：它们虽不敢对成年人撒野，却常挑衅小孩，总是猛地飞过去吓唬孩子，主动进攻也是常有的事。另一个事实更增加了我所持观点的可能性。那就是面对突然出现的红色，胆小的动物被吓坏，而胆子大、攻击性强的动物则被激怒。如家养的绵羊，不同品种、不同血统甚至每个不同的个体，个性都很不一样，所以对同一事物有截然不同的反应。当牧羊人突然亮出某个鲜红色的物体，有的羊惊慌失措，有的羊却发狂发怒。

再接下来讨论第三种本能——欺负患病同类。

第三种本能是欺负群内患病或体弱的同类，第四种是整群动物突然暴怒，合伙将受重伤或疼痛难耐的成员毁灭。有些读者会质疑我为何将这两种分列，不少作者讨论动物本能时，也通常将其合二为一，我想他们大概是把第四种本能看作了第三种中更加极端的一种形式。其实两者不能算作同一本能的不同程度，它们的起源与性质全然不同。第四种本能的暴力程度是致命的，在激活的刹那就已启动，并且具有传染性，群体成员都会受到感染并瞬间失控。而第三种既不那么暴力也没有传染性，而且时有时无，常常只有一个或为数不多的几个参与者，种群首领很少介入。

关于首领有必要多说几句。有的群居动物，特别是鸟类，总能和谐相处，因此不需要领导者。它们长年以群为单位活动，早已"万众一心"。不论是飞行还是栖停，或是其他活动，行动总能和谐一致，好像受到神秘外力操控似的。也许可以再提一句，在脊椎动物的两性之间几乎普遍存在的那种亲切友爱之情，在和谐相处、统一行动的鸟类身上就更明显了。我在拉普拉塔地区发现了好几种鸟类，当其中孱弱或生病的个体跟不上鸟群、觅不到食的时候，其他成员不仅耐心等待，有时还对它细心照料，飞行或在地的时候都相伴左右；我很确定，它们有时还会像喂养自己的孩子那样给弱势成员喂食。

所以一般鸟群中的各成员彼此间是地位平等的。但在哺乳动物中，这样的平等和谐非常少见。每个成员都渴望君临天下，结果就是最强壮、最不可一世的那个称王称霸，并尽其所能追求长治久安。在这方面，比人类低级的动物也与人类社会极为相似：所有脾气暴烈的物种都有一个统治者，统治者之下还有一批"一人之下，万人之上"的阶层，这种组织形式无疑是最有益的。事实上，也很难想象有其他更好的组织形式。

潘帕斯的牧牛场通常都会豢养一大群恶狗，我做过许多观察，结论是这些家狗与野狗、狼相差无几。狗与狗之间总是吵个不停，可一旦动真格开打，群狗之首会在第一时间赶到现场。滋事者要么就此住手，朝着不同方向走开，要么就低声下气地服软，但又因为头领的雷霆震怒感到委屈，忍不住略表抗议，摆出一副可怜相，呜呜地抱怨。假如双方都很强势，并且在头领赶到前已打得难舍难分，暂时把头领至高无上的地位忘到了九霄云外，那么头领也只好加入战斗。假如这时打斗的二狗转而联手攻击头领，头领可能会受重伤并因此失势，那么狗群的第二强狗就能顺势继位。最惨烈的斗争往往发生在势均力敌的对手之间，双方都不服输，非要决出胜负。从力量最强者到最弱者，也随着个体在群体中威望的递减；每个成员都清楚自己的能耐，谁是它心情不好或耀武扬威时可以拿来出气的，谁又是它必须乖乖俯首称臣的。所以在这样残酷的秩序下，群里的最弱者必须时刻听由摆布，时刻服从，它是群里其他成员共有的奴隶、虔敬的信徒。其他狗对它恶声恶气，它要忍气吞声；其他狗命令它让出骨头，它也得毕恭毕敬。

群居的哺乳动物多少都有些专横的派头，这也正是欺负患病及虚弱同伴的根源。动物生了病自顾不暇，偶尔遭到欺负也无力还手，只能听之任之。很快同伴就会发现它正处于非战斗状态，导致它的地位一落千丈。所有成员一下子都有了共识，即便那些从来逆来顺受的弱者也知道这个病弱成员是可以随便欺负的出气筒。不过据我观察，多是小打小闹，很少闹出命来。

通常动物得了病或受了伤，它们的本能就是离开集体，找地方躲起来。有人认为这是为了躲避同伴的欺凌而逃跑，但我并不认同。最简单、可能也最接近真理的解释是，因病痛而倦怠无力的动物并不适合继续与健康活力的同伴一起生活。当然有时候确实是因为不堪同伴滋扰而逃离。不论群居动物多么和平共处，多么喜欢彼此作伴，它们对待同伴并不怎么温柔。再者，它们之间的游戏非常野蛮，只有健康状态良好其才能避免受伤。比如长角动物武器锋利，嬉戏的时候彼此冲撞，犄角相抵，难免发生意外。野马或者半野生状态的马，它们的游戏更是看得我胆战心惊，壮硕的马腿踢来踢去，每踢一腿都结结实实发出巨响，总感觉能把骨头踢断似的。既然群体活动强度大，伤病员离开的理由就很充分了。况且蔓延在群体中的欢乐氛围也难以感染伤病的动物，它因此还显得格格不入。所以只要不是致命的重伤大病，独自离开对于它（也对于整个种群）是有利的，康复的可能性会大大增加。

现在单子上只剩最后、也似乎是最残忍的一项。这第四种本能在好斗的群居动物中很普遍，在家养的牛身上也有残存的痕迹，尽管在英格兰倒是不大常见。我对此的第一次经历是在快五岁的时候。五岁的我虽还没有长成醉心自然奥秘的少年，可当时所见深深烙印在了脑海里，记忆犹新。甚至如果是25岁那年见到，都未必能比五岁时记得更清楚。那是个夏日傍晚，我在外头玩耍，离开屋子有点远。在我玩的地方长着一些老树，树根拔出地面；老树另一边的平地上集结着刚放牧归来的牛群。听到传来一阵喧闹，我便攀上树根朝那头观望，只见一头母牛倒在地上，站不起来，痛苦地呻吟着咆哮着，而牛群挤在它的周围，不停用牛角戳它。

这种本能的意义何在呢？达尔文就此只发表了寥寥数语。在他身后出版的《论本能》里，达尔文写道："负伤的食草动物回到种群，却遭到同伴攻击。这是一种普遍的动物本能，很残忍。它对物种的生存会有什么积极意义吗？我们真的可以相信它是有益的吗？"而同时他又指出在特殊情况下，这种本能不无益处。当前的博物学家都采纳了达尔文的观点，并在此基础上有所发展。比如罗马尼斯博士就是这么说的："许多食草动物都会用犄角刺受伤同伴。在野兽出没的平原上，种群里如果有体质孱弱的成员，就意味着潜在的危险。所以我们也许不难想象，这种本能真的有所助益。"这里的假设是，患病的动物是群内攻击与杀戮的目标。但事实并非如此。年龄增长等原因引发的疾病和衰老是一个缓慢的过程，是在大家的不知不觉中发展的，因此整个种群也会慢慢习惯老弱病残，就像它们会习惯成员中天生的畸形、不同的皮毛颜色，甚至白化病。

如我们所见，病弱的动物确实会遭到同伴欺负（因为它们是好捏的软柿子），但整个群体对它并没有深仇大恨，不至于弄死它。暴力且致命的攻击反而常常针对健康的成员，这个成员虽然体魄强健、活力勃勃且毫发未伤，却因为某个原因（也许是危险）正陷于极端的痛苦之中。

所以这种本能不仅无用，更是有害的。因此，整群动物合力毁灭其中一个成员，这种行为不能被视作一种正常的本能。它应该算作本能的畸变，是在特殊情况下，动物为情势所逼，鲁莽行动而犯下的愚蠢错误。

我们首先想到的就是，在那些非正常的发狂时刻，群居动物的所作所为其实有悖于它们自身的原则。背叛、抛弃痛苦中的同伴，就等于违反了群居动物的生存法则，违背了它们整套本能和习性，而这些恰恰是群居动物过群体生活的基础。因此通过反思这种行为的本质，我们才能破解这自然的神秘隐语。

培根的名篇《论无神论》无人不知，其中写到狗"在人的引领下"是多么高贵勇武，"人就像是狗的神，或者是一种超越它的、更高尚的存在；狗之所以能如此勇武，正是由于它对人的信仰，否则这绝无可能。"事实并非如此。狗是群居动物，本能地与同伴保持一致，它的勇气因此也为同类所共有，不是"人引领的"家狗所独有的。家狗惯与主人来往，服从主人，主人"相当于"狗群里地位更高的狗。而且，在家狗的脑袋里，主人一人就等于整个狗群。无数群居的哺乳动物和鸟类也很"高贵勇武"，每每在抵御凶险的强敌或是拯救被俘同伴时表现出来的英勇，最难能可贵。恶敌当前时群居动物的怒与勇，正是由同伴的痛苦激发的，或是因为听到了同伴凄惨的哀号，或是看到同伴或同类在仇敌爪下苦苦挣扎却无法逃脱。如果在场的不止一个群体成员，那么这怒与勇也和恐惧、喜悦之情一样具有传染性，以闪电般的速度在群内传播，直到群体成员个个如临大敌。

大家都知道，动物行为受本能与冲动牵引，人类活动则经过理智的权衡，可不论动物还是人类都会偶尔产生某种错觉、幻觉，谁都有看走眼的时候，有判断失误的时候，由此导致的应对不当，也会损人害己。当一群动物听到同伴哀鸣，看到它遭受折磨，就会暴怒发狂。比如看到流血的伤口，闻到血腥味；又或是见到同伴倒地挣扎，或卡在岩缝树缝拼命扭动，就像是被强敌捉住那样想要挣脱。这时它们的本能反应不是群起攻之，而是上前搭救。至于营救同伴的本能是如何形成的，也许仅仅是自然选择的结果，更可能的是作为一项智性的习惯得以固定并遗传下来。但无论如何，这项本能是否能有效发挥取决于动物群体的愤怒程度，取决于敌人激发的那把怒火烧得有多旺。不过敌人有时是具体可见的，有时却是无形的，见到的只有同伴的呻吟和挣扎。总有少数偶然情况，明明并没有任何敌人在场，但动物的表现却像正在被敌人折磨，其他成员见状变得怒不可遏，盛怒之下便可能产生错觉。这和人的情况很相似。有时人过分执着于自己的预判，便可能把朋友和同伴误认作敌人。怒火蒙蔽了头脑，甚至使他错杀好人。

和人一样，狗也会产生严重的错觉，触发暴力机制。下面这个例子倒不是很残暴，反而挺滑稽。主人喊口令、做手势对狗发出进攻命令，狗照例作出判断，知道某种熟悉的猎物即将现身，于是进入紧张状态。这时狡猾的主人却丢出来一个道具，一个破布或皮革制成、填充了稻草的布偶。狗当然没有丝毫怀疑，立刻冲上去抓住目标，将其撕咬成碎片。

达尔文看到野象集体攻击痛苦挣扎的同伴大为震惊，因为他记得见过一只大象自己逃出陷阱以后还帮助同伴逃出来。可是群居动物皆如此，高等的也好，低等的也罢，都偶尔会对自己不幸的同伴发起攻击。其实这仍是营救本能在起作用，只不过本能在运行过程中出了错。

阿萨拉记录过一个残忍的实验，实验目的在于观察关在笼中老鼠的脾性。养鼠人揪住其中一只老鼠的尾巴用力捏实，但他的手隐藏在笼子下面，所以笼内的老鼠看不到。被抓的老鼠痛苦尖叫，发癫挣扎，试图挣脱魔爪。其他老鼠见此情形顿时大受刺激，在笼内疯狂逃窜。鼠窜好一阵后，它们终于将尖牙对准受难的同伴，咬断了它的喉咙，并很快把尸体撕成碎片。如果这些老鼠能看见捏着同伴尾巴的那只手，并且手就在笼子里的话，它们肯定能找对攻击目标，去咬人手而不是咬它们遭罪的同伴。可在实验中它们什么也没看到，虽然如此，它们也一样被搅得狂怒不止，躁动难安，只欲"手刃"仇敌而后快。这种情况下，因本能而起的怒气必须宣泄出来，偏偏眼前又没有其他对象，所以错觉就这样形成了，它们把苦苦挣扎的同伴当作敌人，怒火也随之转移。狗也有类似的情况。如果有四五只狗彼此相隔不远，其中一只突然发出一声哀号，另外几只狗闻声立刻朝它跑去。跑到那儿一看却什么都没有，似乎万事太平，于是这时它们便不再理会那哀号者，而是互相打起架来。这里的触发机制是同伴的求救声，只是不很迫切，还不至于误导前来救援的几只狗，使它们对求救者下手，更甚而造成致命的后果。但在冲动之下每只狗还是错把自己当成了受害者，嫌疑犯则是其他狗。假如只是突然抽筋或被荆棘刺伤，往往呼救声不尖锐也不急切，那么其他狗听到了只会略起疑心，四周环顾一下，彼此吠上几声就作罢了。

再说回阿萨拉的老鼠。想一想，既然杀死受苦的同伴于本族无益，但又不得不通过某种暴力方式泄愤，那么那些老鼠何不把气出在束缚它们的笼子上，去咬笼上的木料和铁丝呢？有人就问过我这个问题。同样还有安德鲁·朗格[①]在《朗曼杂志》上写过的苏格兰牛群。一头母牛卡在两块巨石之间进退不得，在它咆哮挣扎之际，牛群突然发狂，无数牛角刺向这位噩运缠身的同类，最终母牛死在了同族的犄角下。为什么牛群不对牢笼般的巨石发脾气呢？我们都知道，动物如果不小心被无生命物体所伤或被困其中，便会对碍着它的物体撒气，这么做其实是把对自己的懊恼投射到实在的外部世界。这种奇特行为在人类身上也还有残留，并在一些倒霉的时刻发作。比如谁不小心被一把凳子或别的东西绊了，擦破了腿，恼羞成怒，于是破口大骂，甚至飞起一脚把这玩意儿踢走，这样的事司空见惯，任谁都干过，哪怕睿智的哲学家也不例外。我的回答是，这种撒气行为与群居动物营救同伴的本能根本是两回事。营救同伴有着确定而具体的目的，即攻击一个敌人，但这个敌人不仅必须是智慧的生命体，还必须具有动物的外形并能自由运动，因此石、树、水并不符合条件。

我本想再补充另一案例，我在许多不同物种中都曾观察到，其中也包括猴子。但想来想去还是觉得没必要，因为不管举出多少例子，不管它们多么不同，全都可以涵纳在我的理论之下。即便像本章前面提到的牛群在同伴遇难的血污之地疯狂嚎叫、掘土这样的例子也能包括进去。野牛和其他动物落入陷阱后发狂般互相攻击也算。还有凶残的食肉动物将亲手杀死的同伴吞食。其实狼、貓等野兽

[①] 安德鲁·朗格（1844—1912）是苏格兰著名作家、人类学家，编写了著名的《世界经典童话全集》，曾任《朗曼杂志》编辑。——译者注

在杀敌后习惯将尸体吃掉，因此如果美洲虎从猯群里捕获猎物后必须马上上树，否则会立刻遭到猯群反攻，被杀后再被连皮带骨吃个精光。狼、貒的本能就是如此，而它们之所以吞食同伴也是误认同伴为敌人，然后杀掉它，这是一个错误导致的另一个错误。在其他任何情况下，即便饥饿难耐，它们也绝不以同类为食。

假如我的解释合理，或者很大概率能行得通，那么想必许多动物爱好者一定乐意接受。他们中的许多人并没有把这种残忍行径解读为本能的畸变，而以为是动物为了求生的某种利己行为，可即便如此，他们还是感到痛心且惊恐。有些人甚至连想都不愿意去想，要是可以，他们更乐意选择不相信这个事实。

如果不把这种行为解读成动物的野蛮与丑陋，或是它们天性上的污点，而是一种错觉、失误，是过失犯罪，其原动机则是动物最崇高的激情——拯救受难同伴时的英勇无畏，这于动物爱好者来说无疑是一种解脱。那火热炽烈的同情使动物奋不顾身，也因其与人类高尚美德接近而使我们感动，正如我们同样感动于鸟类的迁徙本能，欣赏、赞叹并从中获益良多，鸟类迁徙启发了人类智慧的某些最高成就。我们也知道，即便是迁徙这样一种几近完美的本能，也难免时有出错，许多候鸟前一年飞走后第二年再也没能回来。这种错误显然也是毛腿沙鸡迟来的原因：异常的大气条件或气流影响，或是鸟类自身神经系统的变化，导致毛腿沙鸡大幅偏离飞行路线，数千只鸟散布在欧罗巴平原各处，在不适宜的气候环境中慢慢死去；而另一些飞越寒冷的陌生大陆，飞到了更冷更陌生的大洋上空，飞啊飞啊力气耗竭，最终陨石一般坠入深海，生命之火淬灭于漠漠波涛里。

无论如何，随着我们对动物关切日盛，那些使我们愈加尊重动物的新发现与推论也越来越受欢迎。原因或许正如弗里曼教授等人所言，仁慈博爱完全是一种现代美德。又或许是达尔文的理论使然，正是进化论使我们知道人类生命与其他生命形式紧密相连，人类的高尚情感也源于群居动物的性情与本能，是我们内心生发出惺惺相惜之感，与动物越发亲近起来。

第二十三章 / 马与人

HORSE AND MAN

23

没有哪一种行进比骑马更美妙。步行、划船、骑自行车自然各有妙趣，但总免不了劳累身心，需要我们自己花力气，也得时刻动脑筋，以致无暇他顾。所以走一程长路，有时就真的只是走路而已。而骑马的时候则不必多么费劲，只需听任胯下忠诚的仆人将我们载去远方，因为快而稳的奔跑由它们负责，路上也就由它们去仔细观察、准确判断。陷阱、山坡、湿滑地面，千万个起伏不平处，都仰仗马儿的眼力，骑士很少操心。飞驰或缓步都随心所欲，过崎岖山路或平坦大道皆如履平地，涉水而不湿衣，翻山而不攀爬，这正是驭马之乐。骑马让人得到最近乎飞鸟的体验，自孟格菲兄弟[①]以来发明的各式巨型热气球及气球材料并没能使人类离飞行梦想更近。气球驾驶员在空中气喘吁吁，时刻提醒着我们科学的无能与飞天梦的破灭。而马背上的阿拉伯人则如雄鹰般在茫茫大漠里时隐时现，或许只有他们可与翱翔蓝天的自由公民一比。

骑马总是令人愉悦的。如果沿途风光旖旎，你便静坐马背，这一路的景色就如河流一般流向你，再流过你，新鲜的景致不断扑面而来。最紧要的是，此刻骑者心神自在，和懒洋洋躺在草地上闲望天空没什么两样。就我自己来说，除了不必像步行那样劳神，骑马时那种律动、飞行般的感觉更是对大脑的一种刺激。如果有人竟认为策马奔腾不利于思考，倒是躺着、坐着、站着更好，我是无法理解的。这当然与我自幼骑马不无关系。我在辽阔的潘帕斯出生长大，稚气未脱就学骑马，所以渐渐把人看成是马身上的寄生虫，天性就是要占领马背，也唯有在马背上人才能充分自由地施展自己。也许茫茫潘帕斯之上的骑手高乔人更是生来就有这个观念。高乔人即便喝得烂醉，骑马也稳当得很。马儿也许千方百计地要把这坨负担甩下，可骑士虽然脑中一团浆糊，他的双腿——或许说长在下方的双臂更合适——还一如既往地有力，铁钳般把马肚子牢牢夹住。

但凡高乔人，多少都有点罗圈腿，当然了，他的腿越弯，马背生活就越容易。下了马的高乔人行动笨拙，别扭得就像那种动作缓慢的树栖哺乳动物下了

[①] 孟格菲兄弟生于法国造纸世家，是造纸商、发明家，发明了热气球并于1783年成功进行了载人实验。——译者注

树。他走路摇摇摆摆，两手老像要去抓缰绳似的，走姿和鸭子一样是内八。也许这就是为什么外来的旅行者以己度人，总要给高乔人扣上一顶懒惰的帽子。马上的高乔人则身手灵敏，世人难以望其项背。他于穷困潦倒中孜孜隐忍，在马背之上尽日打拼，不眠不休、不吃不喝地长途跑马，这一切在两脚着地的普通人看来无异于奇迹。假如收了他的马，高乔人便只得盘腿坐在地上，或是蹲着，别无他法。不妨借用他们自己的比喻，仿佛给人断了腿脚似的。

达尔文对于低级动物有着非凡的洞察力，同行谁也无出其右。但解读高级动物的人类，似乎早年的他并不在行。达尔文就曾记录过高乔人这种"惰性"，说某地正在招工，却见一穷苦高乔人懒懒坐着，便问此人为何不去干活。其回答道："穷得干不了活。"达尔文不禁哑然失笑，百思不得其解。他要是熟悉这些寡言少语的高乔人，便知道这个回答再聪明不过了。这个可怜人的意思是自己的马被偷了，偷马在当地不是稀罕事。也可能是时任政府的某个小官征用了他的马匹。

再回头说骑马之乐。这份趣味不单源自策马狂奔时飞行般的动感，也在于知道承载我们身躯的并非无生命的精巧器物，比如寓言故事里那匹"鞑靼王胯下的黄铜马"，而是跟我们一样有血有肉有思想的活物，能感我们所感，想我们所想，乐我们所乐。比如，骑士若是一位常年行旅的老乡绅，性格沉静，马儿必然会小心地择路，一路稳当小跑；如果是血气方刚的年轻人，这一匹马就立刻闹腾起来。要是马儿的适应性没那么强，容易为习惯所束缚，那么恐怕每次买马前都得好好打听下这匹马的性子。

13岁那年，我爱上了一匹马。它的样子桀骜不驯，前额挂着一团漆黑的鬃毛，毛下一副活络的眼珠子总是转个不停。看它这般骄傲美丽，我便再也挪不开视线了，一股子强烈的渴望生出来，盼着能占为己有。马主人是个不成器的无赖，早把我这番渴慕看在眼里。两三天后他玩牌输光了钱，跑来要卖马给我。得到父亲应允，我拿出自己全部的积蓄兴冲冲而去，记得大约有三十或三十五先令吧。那人不满地嘟囔了一阵，知道从我这儿弄不到更多钱了，最后还是做了买卖，马儿归我了。这笔新财富给我带来了无边的快乐，我给它取名"毕加索"成日没完没了地爱抚它，牵着它到处去找鲜嫩的肥草。虽然它的眼神一直保留着原始野性，但我很确信我的马一定懂我爱我，在我面前总是百般温柔。它对我有求必应，可其他人一爬上马背就被甩下来，为此我一直暗自得意。也许个中原因是它厌恶鞭子。流传着这样一种说法——"马儿性本温顺，加鞭则叛逆不羁"，用来说我的马倒是千真万确的。在得到它几天以后的某个早晨我骑着它去邻家的庄园，去看他们给牛做标识。过去后看到有三四十个高乔人把牛抓来打上烙印。这本就不是份轻松差事，辛苦、危险，偏偏人们还嫌不够刺激。单是为了好玩，打好烙印松开套索后，在牛跑开的时候，还有几个高乔人骑着马猛冲上去要把牛撞倒。我在一边看好戏，胯下的马儿也看得很专注。又一头公牛松绑了，经历滚烫的火刑之后，只见它愤怒地压低牛角，朝着开阔的大平原狂奔而去。破开人群接连冲出来三位骑士，全速追上去冲撞。公牛身一转，接连三次灵活地避开袭击，毫发无损，继续奔逃。就在这时，我的马儿——可能是因为我不经意间抚触了马脖子，也可能是我动了一下，使它误以为我也有意加入——突然朝前一跃，闪电般朝那牛冲将过去，正好顶在牛腹正中，巨大的冲击力把公牛撂倒在地。受惊的畜牲在地上翻滚，我的马则如石像般立着。奇怪的是，横冲直撞间我竟没被摔下马背，它又带着我飞奔回来，一路掌声雷动，那样规模的掌声我有生以来也就只得到过一回。众人哪里知道这壮举全由我的马儿独自完成，它并没得到主人丝毫指引。它显然是这方面的老手，也许只是一时忘记自己已经到了一个年幼的新主人手里。自那以后它再没第二次冒险，我想它大概意识到自己背上的已不再是个不怕死的莽汉。可怜的毕加索！它一直伴我左右，直到自己的生命尽头。在毕加索以后我还有过几十匹马，但独对它用情最深。

高乔人亲马，但还是不及潘帕斯的土著印第安人。这里的马实在太廉价了，哪怕一个穷得连鞋都买不起的人都养着一大群马，由此发展出一段亲密的友谊。印第安人没什么个性，无力改变身处的环境，过着野蛮的生活，永远四处奔波求生，这种境遇使他与胯下的畜牲更加相通。印第安人的马儿能如此通人性，也许是几个世纪来人马合作已经变成了一种本能。印第安人的马更温顺，更懂主人，马脖子似乎异常敏感，只需以手轻轻抚触就能引导。高乔人说得很巧妙，他们费不少力气才能给马儿一张"温柔的嘴"；而印第安人的马仿佛生来就很听话。高乔人偶尔在马背上睡觉，印第安人则可以死在马背上。殖民者与印第安人进行领土战争时可以听到一些这样的故事，说是找到战死的战士后，很难把尸体与载他出征的战马分离，因为他紧紧抓着马脖子的十指早已僵硬。马在高乔人那儿没能得到应有的尊敬，但即便如此，在高乔人的乡野也有许多关于人马情谊的动人故事。我在这儿只讲一个。

铁血独裁者罗萨斯统治阿根廷近四分之一个世纪，在他的统治下，军队的逃兵被抓到就要被无情射杀。但在我度过童年的地方，就有一个名为桑塔亚纳的逃兵整整七年躲在他家附近，成功避开了追兵，而这全归功于他那匹精明的马。桑塔亚纳在平原上休息的时候——他几乎不在屋檐下睡觉，由那忠诚的马放哨。一看到地平线上有人驾马而来，它就飞奔到主人身边，咬住主人的斗篷使劲地拉扯，把他叫醒。主人惊醒过来，连人带马立刻窜进当地随处可见的芦苇荡中，苇丛茂密，谁也跟不上他们。我没有更多篇幅留给这匹马了。不过得说一下，最后待到时机成熟，那年秋天罗萨斯的独裁统治终结，桑塔亚纳才从苇荡出来，告别了动物般的野外生活，回到人群中。后来又过了好些年我才认识他。他长得粗笨，话也很少，在当地名声不怎么样，不是个老实人。但我敢说，他必定有些不为人知的善良之处。

博物学者都清楚新环境如何改造人与动物。以高乔人为例，每日需长途骑行，得眼快脑快，时刻准备应对饥饿与疲乏的侵袭、气温骤变以及突发的危险。这样的境况将高乔人改造得与半岛上的农夫截然不同；高乔人有狼一般的耐力与眼力，善应变，身手快，不把人命当回事，痛苦或失败的时候有着斯多葛式的坚忍。当然他的马亦随之大变。高乔人的马迥异于英格兰猎马，可以说种内个体差异趋于极致。它从不把地面蹬得咚咚作响，也不大摇大摆浪费体力。它没有狩猎场上建功立业的英勇，也不去挑战不可能的任务。奔跑时它总是尽量省力，头压得很低，蹄子似乎擦着地面而行，所以一点不招摇。也许因为经常使用，也许是自然选择的点滴累加，潘帕斯的马儿感官之敏锐，几乎可以用神奇来形容。秃鹰眼观八方借助的是飞升高度，它的目力其实很难与潘帕斯马儿的嗅觉相匹敌，潘帕斯的马儿"鼻闻千里"。草原常见的一个现象是：水草不继的干旱季节，某处的马突然迁徙到远方的另一地。迁去的那个地方因为下过雨或其他原因，水草供应更丰富一些。只消从那儿吹来一阵微风，马儿便可得到讯息即刻启程。而这风往往来自七八十千米之外，甚至更远的地方。在炙热的炎炎仲夏，这样的距离之内也很少传来水的潮气、草的芬芳。

潘帕斯的马儿还有另一惊人之举，对此，边民都很熟悉。每当印第安人入侵时，高乔人的马儿总是惊慌失措，方寸大乱。当然这种恐惧一部分来自连带反应，印第安人的到来伴随着群情激动，遍地的混乱喧嚣如巨浪般扫过；屋舍烧起熊熊大火，家人疯狂逃散，牛群被急急赶去较安全的地方。印第安掠夺者还没赶到时（往往距离定居点还有一整天行程），马儿就已惊作一团，发了狂地乱跑。它们的情绪很快传染给牛群，紧接着便是全体大失控，四处逃窜。高乔人认为马儿可以嗅出印第安人的味道。我相信他们的说法。因为有次远远经过一个印第安营地，正好风从那里吹来，跑在前面的几匹马突然受惊狂奔起来，引着我在后面猛追了十几千米。另一个说法是，印第安入侵者来临前，当地人驱赶美洲鸵、鹿等快腿动物的场景，看得马儿仓皇乱窜。这当然说不通，因为这些动物在高乔猎人追杀下狼狈奔逃的样子，马儿看得多了。

有一则俏皮的寓言小故事，巧妙地表现了猫和狗灵敏的感官。一猫一狗卧在昏暗的房里，狗说："快听！一根羽毛掉了！""才不是呢，"猫道，"掉的是一根针。我看到了。"城里的狗能一路凭着嗅觉找到主人，这种本事恐怕别的动物难以匹敌。通常认为马并不具备这样敏锐的感官。英格兰的马常年与人生活在一起，虽然整体机能并无大的变化，但显然感官有所钝化。它当然不是凡物，比起荒原上朴拙的野马，它仪态高贵，一身闯劲与锐气，勇不可当。可这一切来得并非毫无代价，它也相应地失去了一些东西。夜行的时候，随着夜色愈深，印第安人的马——高乔人的一些马也有相同的习惯——会把头埋得越来越低，直到鼻子像猎狐犬那样蹭着地表，因为黑暗中的草地上潜藏着无数危险的沟渠。这是由他们强烈的自保本能驱动的。有一次我强行要把马头拽高，它的回应是紧紧咬住马嚼子拒不从命，使劲把缰绳从我手里拉出去。其神奇的嗅觉能够精准定位每一条暗沟，每一处危险，助它快速安全渡险。

高乔人称美洲狮为"人类之友"。阿拉伯人将这一称号赋予了马；而在欧洲，我们与马的关系还不至于那样密切，排第一位的动物自然是狗。对于狗的最高赞美也许能在培根的名篇《论无神论》里找到。他写道："在人的引领下狗是多么高贵勇武。人就像是狗的神，或者是一种超越它的、更高尚的存在；狗之所以能如此勇武，正是由于它对人的信仰，否则绝无可能！"马儿又何尝不是这样？本来单是闻到印第安人气味就惊吓奔逃的那匹马，"在人的引领下"则敢于冲进一大群咆哮的野蛮人中去战斗。

过去我有匹马，在我家出生长大，性子温顺。不论何时要用马，走去草场，其他马见了我全一溜烟跑开，只有它每回都老实地待在原地，等我去抓。跳上它的背，我再去追其他马，或者就轻轻将手搭在马脖子上指引他带我回家。因为跑得慢，又懒洋洋的，我不常骑它，但它在胆小的女人和孩子那里倒是很受欢迎。干农活用得到它，带不带马具都行。我也骑着它去狩猎。它很喜欢吃桃子，桃子成熟的季节就在种植园里寻寻觅觅，拖住桃树的低枝使劲晃荡，晃下一阵桃子雨来。有个漆黑的夜晚，我骑着这匹马回家。跑到一条路上，两旁都是铁丝网，3km长，快到头的时候，突然，我的坐骑一个急停，发出一长串惊声嘶鸣，声音很大。除了浓密的夜色，我眼前一无所有，于是鼓励马儿继续前行。拍了拍它的脖子，发现它已吓得汗湿了毛发。马鞭挥下去也毫不起作用。它不停后退，双眼紧盯着前方"一个可怕的东西"，浑身发抖，抖得马鞍上的我也跟着摇晃。好几次它都试图转头逃跑，可我打定了主意不由着它，就这样继续僵持。后来我慢慢灰心了，满以为走那条路是行不通了，哪知它忽地朝前一跃，开始一下一下地冲撞某个（在我看来）隐形的物体。最后好像终于摆脱了障碍，说时迟那时快，它立刻咬紧马嚼子腾空而起，一路飞奔直到家门口。我下马的时候，它的恐惧似乎已经消散，但低垂着脑袋，神情沮丧，疲乏得仿佛是不消停地跑了整日。这样的恐惧，我就只见过这么一次。它当时真是吓得魂飞魄散，想来如果在漆黑僻静之处见到鬼怪大概也是这副样子。它本可以直接把我带走，这对它来说应该是更容易的选择。但是因为感到有"一种超越它的、更高尚的存在"在指引自己，它最终选择了直面挑战。在狗身上我就没见过这样的高贵勇武。当时我并不怎么在意这事。后来想到人的视觉与马的视觉相比，简直可以说是盲的。因此，我的马也许是看到了一个平常物体，但凭幻想给平常物体包裹上了极端恐怖的色彩。

有关人与马的话题实在不甘就此作结。借用高乔人的修辞方式可以这么说，就如奔腾的骏马不得不错过片片芳草，我的笔下也不得不略过许多美好的故事。而我尤其不甘心以上面那个有几分阴郁的故事结尾。所以不妨再回到原本的主题——骑行之乐，为我的读者描绘一番他们闻所未闻的奇趣。夜间在草原上骑行的时候，我常仰卧马背之上，头与肩落下去稳稳放平，双脚提起来压在马脖子上。只要多加练习就能做到安全与舒适并举，仰望星空。但若要充分享受仰卧马背的骑行，就得找一匹没打蹄铁、脚步稳健的马，并且它还得对骑者抱有充分的信任，然后训练它在平坦的草原上平稳快速行进。这些条件若能满足，必能体验无比美妙的感觉。地面不会出现在视线里，头上是繁星点点的浩瀚夜空，你分不清那沙沙声究竟是马蹄落在柔软草皮上发出的，还是来自珀伽索斯[①]腾飞的翅膀，脑中尽是自己乘着飞马穿星绕月的幻想。可惜这种骑法在英格兰是行不通的。就算真有醉心此道者从阿拉伯或潘帕斯引进骏马，在星夜的公园里飞驰，恐怕也有人跳出来嘲笑这是不得体的消遣。

说到得体，我最后再讲讲自己在伦敦生活的一件小事，心理学家也许会感兴趣。此前，我在牛津街上了一辆往西开的双层巴士，坐到了敞篷的上层。当时我满腹心事，只想快点回家，可偏偏车速很慢，我颇为恼火。这完全是根植于意识深处最自然的反应，马儿跑得慢，火气就冲上来。心神恍惚间，我只当自己是在

[①] 珀伽索斯是传说中飞马的名字，这是希腊神话中最著名的奇幻生物之一，长有翅膀并可以飞。从女妖美杜莎的血泊中诞生。——译者注

骑马，以为胯下的懒畜牲又像往常那样趁着主人心不在焉而偷懒。不过我可不打算放任自流，得叫它明白主人还不至于糊涂到分不清跑与走的区别。于是我高举起手里的雨伞，对着巴士的外侧边猛一记响亮的抽打！乘客个个目瞪口呆。居于一方土地，天长日久，种种风俗习惯、处事准则与思维模式慢慢与我们的生命杂处共生、难舍难分；有朝一日离开，远走高飞，故土的那些根须枝蔓也将随我们远行，终身纠缠不息。

第二十四章 / 得而复失

SEEN AND LOST

24

宝石鉴赏家是宝石狂热分子，他的毕生精力都用来研究各色奇珍异石，其唯一乐趣即在于玩味宝石之流光溢彩。假如有个陌生人走到他跟前，摊开手掌露出一块未知名的宝石，璀璨如红宝石或绚丽如蓝宝石，但又完全不同于现知的所有石头，就如钻石大异于猫眼那样，宝石鉴赏家当然双眼放光，为不曾见过的绮丽欣喜若狂，但就在此时，陌生人突然把手一合，带着一丝嘲弄大步流星地走开，消失在茫茫人群里。此刻宝石鉴赏家的心情，我们自然很能理解。这份失落，野外工作的博物学家也深有体会。博物学家满心期望的是去到一方还保有几分神秘的土地上，孜孜探索，直到那里每一个野生生命都得到科学的命名、精确的描述并最终编入详尽的专著里。他那双训练有素的眼睛总在热切地搜寻。只需一瞥就知道是遇上了一种从没见过的生命形态；只是这份喜悦来得快也去得快，用不了多久，这上天的奖赏就窜出他的视线之外，再也找不到了。宝石鉴赏家也许心存几分疑惑，疑心陌生人手里拿的可能只是块廉价的人工宝石，再稍加观察就会败露；博物学家则把握十足：若他果真乐于此道，熟谙自己地盘上的动物群落，并且视力也不错，那么是绝不会弄错的。这个新奇动物出现的瞬间，就像被拍照般定格在了博物学家的脑海里，构成轮廓清晰、色彩鲜活的图像，永远撩拨着他，任时间流走也不会模糊褪色。

走在林间空地，博物学家不经意间一抬眼，也许目光正好捕捉到一只奇特的大蝴蝶。假定是只闪蝶[①]翩跹在这偏远之地，而当地人谁也不认识这位天使。它漫不经心地从博物学家眼前飞过，姿态之轻盈飘逸可比西尔芙[②]，浑身是纯净如天空的蓝色，但比天色更细腻明净，使那对宽大灵动的翅膀光彩流溢。博物学家还没来得及品赏新发现带来的愉悦，蓝色精灵突然高飞，果决地飞入树丛里，不见了。

但即便这新奇生物姿色平庸，博物学家的爱慕、欣喜与渴望同样灼热，在得

---

① 闪蝶科品种的蝴蝶大而华丽，翅展75～200mm，翅多蓝色，有金属光泽。——译者注
② 西尔芙，也有译为风精、气精、风精灵者，是西方传说中的神秘生物，是代表空气的精灵。——译者注

而复失的时刻也同样痛心。对博物学家而言，最大的吸引力在于"新"。比如，有只无名的棕色小鸟长年盘踞在我的心头，在我心里它就是最美的。我与它虽只有一段短暂的相处，但那么多年过去，我记忆中它的样子依旧清晰如初。见到它的时候，它从厚密的植被间跳出来，停在我面前两三米的地方，不但不怕人，反而一副好奇的神色，先拿一边的眼睛端详我，又换另一边的眼睛看，然后小匕首般的鸟嘴在树枝上一擦，倏地飞走了。接下去的几天，我四处寻找，那么多年来心心念念盼着再见，可打那后再没缘相逢。它对于我来说意义非凡，九十九种我知道的鸟类加起来也比不上它。然而它只是一只平凡的棕色小鸟，胸部羽色淡，喉部是白色，唯一显眼的是眼睛外的一圈浅黄色带——许多鸟儿都有，我猜这是自然女王颁给鸟类臣下的勋带，用以表彰某种小功小德。如果让我看到某本书里收录了这种小鸟，我应该可以辨识出来。不过要是那样的话，曾经让万千动物黯然失色的它，也将立刻归于平凡。

  运气好的话甚至能发现哺乳动物的新品种。哺乳动物品种少，和人类一样"脚踏实地"，所以比起天空之子——鸟类，我们对哺乳类的了解要多得多。新发现因而也就更加可遇而不可求。来到林中幽闭处，茂密的灌木丛或是矮树林里突然传来一阵悉悉索索，瞧！重重叶子中有张奇怪的脸正瞅着我们呢！它竖着叶子形的双耳，黑眼睛因为惊讶瞪得滚滚圆，尖尖的黑鼻子一抽一抽地，呼呼地嗅着空气中的陌生味道——人的味道，仿佛咂着嘴巴品鉴佳酿的好酒之徒。可这边还没看真切，它就跑掉了，不禁让人疑心这只是自己的梦境或幻觉，而从此，那个毛茸茸的怪脸蛋再也挥之不去。

  如果运气特别好，这动物就近在咫尺，伸手就能摸到，它似乎逗引着你去抓它，又倏忽一下滑脱走了。于是你抓心挠肺地找啊找啊，找了一天又一天，它还是一去不复返了。就好比穷苦的流浪汉在森林里找到一块金币，刚反应过来，金币就掉进了草丛，无论如何都找不到了。林子里，一片沉寂，树下草间全无动静，也没有枯叶摩挲之声，但可以肯定有什么东西在动——在悄悄靠近或悄悄离开。目光落在一处，猛然发现它就在那里，离我们很近，尖蛇头，长颈子，但没有凶恶地朝后昂起来呈攻击状，而是前倾着。蛇身黑亮，光滑如泥里斜出来的一条野草茎干，一串不规则的斑点一直延伸到侧腹。它也像茎干那样定在那里，纹丝不动，突然间吐出亮晶晶的鲜红色蛇信，颤动着，好像喷出一小缕火苗，又马上缩了回去，然后这条光溜溜的大蛇伏下头，滋溜一下游走了。

本书第四章就记叙了"角斗士蛙"得而复失的故事，更多内容留待本章一一讲述。这些故事自然不是供博物学家参考的，其中的寻寻觅觅与酸甜苦乐只为使读者诸君一笑。

最初的那些得而复失的经历中，有一个是关于蜂鸟的。那只蜂鸟可真是名副其实的鸟中珠玉。当时我还年幼，但已对家附近拉普拉塔河一带的鸟类颇为熟悉，在此地遇到过三个蜂鸟品种。一年春天，我见到了第四个品种，是个美丽的小家伙，体型只有前三种里面最小的那种一半大，恐怕不比熊蜂大多少。初见的时候，它就在我1m之外吸食花蜜，悬停在空中，翅膀因为急速振颤如梦似幻，形状难辨，背部的其他部分倒很清晰。这只蜂鸟头、颈与上背部是金属光泽的翡翠绿，许多小型鸟类的鳞片状羽毛都有这种锃亮的金属色；下背部是黑丝绒般的色泽；尾羽和尾部覆羽则洁白如雪。隔了几天，我又见过它两次，每次都是近距离，但都没能抓到，从那后它便彻底消失了。四年过去，又让我在老地方附近见到了。正是夏末，平原上铺着短短的草毯，我在外散步。地上除了孤零零的一丛刺菜蓟，什么都没有，刺菜蓟灰绿色的叶子和洋蓟叶形似，中央的那枝上开着一朵花。花盘大如向日葵，紫颜色，表层像敷着一层白霜，上头有许多觅食的小虫——苍蝇、萤火虫、小黄蜂等。我站在旁边，看得饶有兴致。这时突然飞来一团朦胧之物，快速掠过我面前，悬停在花盘外缘垂直几厘米的空中。这不正是让我魂牵梦萦的那只蜂鸟么？优雅的形体罩在朦胧的翅影里，身披闪闪夺目的绿黑双色斗篷，雪白的尾羽撑开如一把小扇——俨然一块鸟形的宝石，正由一根透明细蛛丝坠吊着，悬在半空。一秒、两秒、三秒过去了，我出神地凝视着，身体因狂喜而微微发颤。还没回过神来，它又飞走了，一掠而过，速度之快模糊了身形与颜色，只看见一条隐约的灰线在低空划过，湮灭在视线里。从那以后我再也没见过它。

那块有翼的无名"宝石"至今仍逍遥于天地间,让我想到另一只小鸟,身形也甚为迷你。多年来我念念不忘,终于盼来一次难得的机会。当时相距不远,近得可以抓到它,但我克制住了冲动。命运女神惩罚我不知把握时机,那以后再没让我们重逢。之前有几次是在骑行中瞥见了它小小的身影,它飞蛾般扑腾着翅膀,飞得颤颤巍巍、犹犹豫豫,一会儿就又钻进野草丛、灌木林里去了。这小鸟的羽色泛黄,与枯草颜色相近,身体纤细,因为尾羽特别长的缘故,整体看上去比实际更显得纤长。我知道它是一种针尾雀,鸹雀科成员。正如我在本书前面章节提过的,它们是聪明的小鸟,颇有"智慧",也正是因此,比璀璨华丽的绿咬鹃和火红耀眼的岩栖伞鸟有趣(在我心里也可用"美丽"来替换这里的"有趣"一词)多了。鸫鹟与嘲鸫的魅力在于美妙的鸣声,它们的名字让我们联想到甜美的音乐;雨燕与家燕因神秘的迁徙本能而闻名;而蜂鸟的特色则是炫目的羽衣,那变动不居的迷幻色彩来自于翅膀的极速震动。至于长相平庸的鸹雀科鸟类,它们的天赋是建筑,因此,描述这种小鸟而不谈它的巢穴,不就像是给大建筑师克里斯托弗·雷恩爵士[①]立传却只字不提他的作品吗?所以我一看到这种小鸟,心头便生出疑问,鸟巢长什么样呢?

十月是南半球鸟类盛大的繁殖季。某个清晨,我在一大片刺菜蓟地里艰难跋涉,这时,那只神秘兮兮的小鸟轻快地飞了出来,降落在我身旁的一丛叶子上,发出一串柔弱的唧啾,像是蚱蜢叫。紧跟着飞来了第二只,体型更小巧,羽色也更浅淡,也许性格也更害羞。第二只鸟儿露面不过两三秒,二鸟便一同遁入灌木丛去了。我是多么的激动啊!这一雌一雄,飞来我的地里,准是来筑巢生蛋的。于是接下来的日子,我一日一访,藏在荆棘丛里大气不敢出,小心地候上5~15分钟,总能等到它们短暂的现身。抓它们当然轻而易举,但我一心想要观察它们如何筑巢。几天侦查过后,我的耐心有了回报,我发现了鸟巢的所在地。后面的

[①] 克里斯托弗·雷恩爵士(1632—1723)是史上著名的英国建筑家,1666年伦敦大火后负责重建伦敦52座教堂,其中最优秀的作品即英国第一大教堂圣保罗大教堂。——译者注

三天，我严密盯梢，眼看着鸟巢一点点建起来，竣工指日可待。每次见我靠近，两只小鸟都会飞出巢穴藏进树丛里。整个"建筑"长约15cm，直径小于5cm，水平地躺在一片阔而硬的刺菜蓟叶上，上方有其他叶子遮挡；鸟巢由细小的干草编成，编得很疏松，结构简单，是一种笔直的圆管，两端开口。管径很细，只能伸进小拇指，所以小鸟在如此狭窄的空间里无法转身，总是一头进一头出。第四天的探访让我心灰意冷，精致的小巢被捣毁了，扔在地上，两小鸟早已无影无踪——我四处搜寻，寻遍周边每一块野草地和荆棘丛也一无所获。没了小鸟的鸟巢似乎也变得一无是处，只是一束干草而已，这叫我心痛不已。这平凡无奇的小鸟就像紫罗兰的花朵一样，总是羞怯地躲在叶丛里，即使偶尔露面也是半遮半掩，从此它也成了记忆中撩拨着我的另一个形象。不过，我没有像宝石鉴赏家那样绝望。不管那物种多么稀罕，甚至濒临灭绝，总还保有不少活跃的个体，我也因此感到宽慰，相信将来也许还有再见的机会。即便真的无缘再见，还有几十种、几百种其他生物等我去发现，任何时刻都可能在大自然慷慨摊开的手掌上，与一块闪闪发光的活宝石不期而遇。

有些情况下，要不是某种奇特的行为、习性，我们可能会完全忽视一种动物，或者因不甚上心而很快遗忘，是"特立独行"赋予该物种重要性，使其脱颖而出。

我曾做过一份苦差，在酷暑天得把一大群羊赶到400km外。不难想象，炎炎夏日里的羊群该有多么倦怠。当时同行的还有五六个高乔人，我们到了布宜诺斯艾利斯南部的潘帕斯，离一片险峻的石山不远。哪个在灼灼烈日下毫无荫蔽的大平原赶路大半个月的人，可以抵挡山的诱惑？这片海拔不到200m的山脉，于我们来说比伊利马尼峰更壮丽。

我和三个高乔人抛下羊群，快马来到山脚，拴好马便开始艰难登山。下了马的高乔人就像离了宿主的寄生虫，行动迟缓，很快被我甩在身后。我来到一块长满蕨类和开花植物的地方，突然听到奇特的声响，音质相当特别，此前，我从没在大自然里听过类似的——由无数个低沉而清晰的声音聚合在一起、甜美悠扬、铃音般的金属声。这神秘的音乐将我团团包围,并且随着脚步有节奏地起伏。我一站定,声音也停下,一迈步子这仙铃又摇响,仿佛我的脚正好踩到了某个中心交汇点上,在这里绑定了千万条细线,每条线上又系着一串铃铛,藏在隐蔽的枝叶下。等同行的高乔伙伴来了,听到这声音也很困惑不解。"是响铃蛇!"其中一个激动地大叫。他说的是"响尾蛇"。那时我虽还没亲眼见过响尾蛇,不过我知道是他弄错了。但他错得很合情理,因为西班牙语里面表示响尾蛇的单词就是"响铃蛇",使他误以为响尾蛇振动尾巴的声音就和铃声一样。最后我们发现这声音是蚱蜢所为,这些蚱蜢当然也注定得而复失,因为我一只都抓不到。它们特有的警钟声响个不停,个个都异常警觉。而我还得回去赶羊,只得作罢。后来再没机会回到那片山里,再去观察并获取样本。这种蚱蜢身材纤细,大约4cm长,身上呈均匀的黄褐色,与枯叶色接近,这是一种保护色。和大多数蚱蜢一样,它们也采取遮挡的方式进行自我保护,即四条细细的前肢抱住一根竖直的茎干,爬动的时候总能灵活地躲在茎干后面,掩人耳目。只是其他种类的蚱蜢受惊的时候总是保持安静,沉默是与遮挡物配套的安全措施。可是这个品种,或者仅仅是独居在此的这个蚱蜢群落,却有相反的习性,它们的集体鸣叫与群居鸟类和哺乳动物的很相似。这种互相提醒的声音于独居的个体有百害而无一利(除非这是在模拟某种警告声以警告敌方,类似于响尾蛇甩尾巴),而蚱蜢一般都是独居的。因此这一特殊习性必然是服务整个群体的,也只会在过群体生活的社区出现。

  还有一次,我在仲夏时节独自骑行穿越平原,那是拉普拉塔河以东十几千米的一块陌生的荒僻之地。大约上午11点左右,我来到一处低洼地,地上长满了青葱的矮草。大平原遍地是烈日炙烤的枯枝死叶,唯独这边温度合适,我便策马飞驰。在疾驰的半小时中,我朝地上望去,满目是蛇,匍匐着,全是同一个品种,但以前我从没见过。我想赶在午后热浪逼来之前抵达目的地,只能马不停蹄。青草地上到处是蛇,一眼就能看到十数条。乍看似乎是一种方花蛇——游蛇科的无毒成员,但体型是我所熟知的那两种方花蛇的两倍多。它们个体间体型差异较大,短的0.5m左右,长的有1.5m。颜色为暗黄或棕褐,身上有些微小的棕色条纹和斑点，如果隐蔽在凋萎或干枯的草丛里，即便走到近处也很难发现。但在这翠绿的草皮中却格外显眼，四五十米开外就暴露无遗了，而且没有一条蛇盘着身子，全都伸着一动不动伏在地面，仿佛扔在草地上的一条条暗黄和棕褐的缎带。这么多蛇集聚一处当然是罕见之景，但在当时的环境下倒也可以理解。十二月的暑气蒸干了河道，热死了植物，土地干硬如火烫的砖块，因此蛇类，尤其那些相对活跃的无毒蛇便长途迁移寻找水源，尽管它们的行进速度很慢。我路上遇的大部队可能就是被水汽吸引来的。虽然这儿也没有水，但柔软的芳草已足够慰藉它们。蛇在蛇窝里通常是盘着的，如果远行或来野外则把身子伸直，休息时也不例外。最后按捺不住，我还是勒停了马，在离开这片绿野之前让马儿休憩半刻，自己也能近前观察一番。我向一条蛇走去，大概还有十几米距离的时候，它突然昂起头，转身猛地朝我扑将过来。我急忙后撤，但它尾随不休，直把我逼得跳上马跑开。它的突击让我大为吃惊，我甚至开始怀疑这可能是毒蛇。跑马途中越来越觉得不可思议，好奇心与赶路的迫切心情不断拉锯。与此同时，一路上的蛇也越来越多，最终我又下了马，走向地上那条最大的蛇。同样的情况再次发生，在我与它还相距甚远的时候，大蛇就愤而进攻。但最致命的毒蛇往往性子最懒，绝不至于隔那么远就发怒的。于是我又一次次地实验，结果却次次相同。最后我索性一鞭子下去打晕了一条蛇，掰开蛇嘴，发现没有毒牙。

之后我继续赶路，盼着能在目的地见到更多这种蛇。但到了那里一条都没看到，很快我又因事辗转到了另一个地方，后来就再没见过这种蛇。骑马离开那片绿野时，心中颇觉得诡异。回到周边地势较高的平原，景物荒凉，狂风呼啸，吹得汪洋般的魁蓟地沙沙作响。魁蓟早已旱死，但仍直立不倒，颜色赤红如铁锈，晴热的蓝天里飘满了银白色的短绒毛。从生机勃勃的绿色世界来到干旱焦渴、尘土飞扬的死亡大地，这是何等巨大的反差啊！那块翠绿欲滴，到处是蛇的低地上，马蹄踏过悄无声息，无人居住、无人放牧，也无鸟飞翔，仿佛有某种神秘的、超自然的东西在主宰着。蜿蜒其中的那些蛇绝非等闲之辈——普通的蛇仿佛一个活的人肉陷阱,只有被踩到身子才会昂起身来攻击,而那些蛇则有着更高的智慧和精神追求,若神圣领土遭到他族入侵,它们必奋起捍卫,令人敬佩。当然这崇高不过是人的臆想,我们总不免要把难解的自然现象作神秘之事解读。虽然这种神秘化的倾向不断退化,但原始人的思维习惯在今天的人身上还多少有所保留。其实事实本身就很离奇。读者应当知道博物学家是不可夸大事实的;如果刻意夸张,就不是博物学家,他还是赶快搭上大篷车去小说的神秘国度为好。以科学的态度观之,这种行为属于拟态——无毒蛇模拟致命毒蛇的攻击姿态。唯一的区别是,在大自然具有致命攻击力的生物之中,毒蛇最不愿意动气,最不情愿卷入争斗,不到万不得已绝不掺和;而这种蛇的脾气却很火爆,来者稍有动作,即便还相距甚远,敌友难辨,它们就已怒气冲冲,摆出开战的架势。

　　最后这个离奇吊诡的故事是关于人的变异。这一次还是我独自旅行,在布宜诺斯艾利斯南部边陲,人生地不熟。天气苦寒,时近正午,我浑身僵冷、疲惫不堪,终于来到一处朝圣者休息站——路边的小客栈,旅客能在这儿弄到他需要的、想要的一切:一杯调节心情的巴西朗姆酒;一件在寒夜保暖的蓝布斗篷,里衬是松软的红色毛料;赶路用的铸铁马刺,重约2.5kg,带直径20cm的滚轮,这是岛上特产,专供海那边的蛮人骑手用。眼前这栋破烂房子由泥土和茅草建成,四周围着一圈壕坑,壕坑上架着一条木板吊桥,屋外头拴着十几匹鞍马。从屋内传来的谈笑声很热烈,想必已早早集结了一批来找乐子的跑马汉。我钻进人群找到店家,请他允许我到厨房弄一杯咖啡提神。拼命挤进去,刚打了声招呼,前面有个人突然转过身来,直勾勾盯住我的眼睛。"早上好。"他问候我,一副尖细的嗓音,语调曲折得像在唱歌。他还叫我喝什么酒尽管点,账他来付。我谢绝了,并按高乔人的礼节答复由我来请他。这时按照礼数他应该回应已经付过钱了,以此结束对话,可他没有——那副野兽般的嗓子尖叫道要杜松子酒。我只好给他买酒。这人举止古怪傲慢,与寻常重礼节的高乔人相去甚远,可我也不恼,因为他的样貌和嗓音实在稀奇。所以接下来我还是呆在原地,打算进一步密切观察。赫胥黎教授曾说过:"变异时有发生,可有的人就算注意到了也往往不会把细节记录下来。"这个毛病我没有，以下就是我对那人外貌的详细记录，是当时趁记忆还清晰时写下的。此人身高约1.8m——在高乔人里头算高个子，身板挺直健壮，肩膀特别宽，因而那颗圆脑袋显得很小，长手臂，大手掌。扁平的圆脸，粗黑的头发，黑红的肤色。光滑无毛的两颊似乎表明他体内的印第安血统多过西班牙血统，而那双黑圆的眼睛比纯种印第安人的更凶神恶煞，更像是猛兽的眼。胡须也是印第安人或高乔人风格，任其自由生长，粗硬的胡茬像猫须一样朝外伸着。嘴巴别具一格，是普通人嘴的两倍大，上下唇厚度相等。这张嘴不知如何微笑，在说话和该微笑的时候总是龇牙咧嘴，露出满口牙和部分牙龈。牙齿的形状也与普通人的完全不同，既没有门牙、虎牙，也没有臼齿：上下每颗牙形状都差不多，宛如一个个亮白的三角形，齿龈处与邻牙接触的部分宽，牙尖则锋利如匕首，和鲨鱼、鳄鱼的牙齿很像。他的牙经常整副露出来，看上去好似一列险要的锯齿状山峰从血盆大口里拔地而起。

接过杜松子酒，他便加入吵吵嚷嚷的谈话中去了。这下我得了几分钟时间仔细研究，只是心里觉得好像把自己和一头面目可怖的野兽关在一个笼子里，而且这野兽的本性仍是未知数，可能并非善类。有趣的是，每当有人与他单独交谈，或者交谈时与他正面相对，攀谈者脸上总流露出一种异样神色，倒不是惧怕的表情，而是饶有兴致，再加几分捉摸不透的东西。也许有人觉得这无可厚非，毕竟此人实在一脸怪相。可我觉得这个解释过于单薄。一个人的外貌再怎么奇特，他周围的亲友很快就会习以为常，甚至日渐忽略他的特异之处。因此我认为，那些交谈者的奇特神情，必与此人的性格有关——也许是他精神层面的古怪在言谈中不时迸现，使闻者感到滑稽或吃惊。与野兽一样，此人龇牙的动作与牙齿的危险形状之间也必定存在某种完美的对应关系。须知道，野兽不仅只在愤怒、攻击的时候龇牙咧嘴，嬉戏玩耍时也会。他的嗓音也与我听过的黑人、白人、印第安人等各种人声都不一样。但我观察的时间有限，他们的言谈举止也没透露更多信息。后来我走开了，去臭烘烘的厨房找冲咖啡的热水，没热水的话至少也得弄些凉水、一把茶壶和烧火的材料——找些牛骨、牛粪和腐败的脂肪。

第二十四章　得而复失

过去我从没有野心做达雅克人①那样的猎头族，这次竟生出几分念想来，要是可以不违反法律，又不至于伤及同类，我倒想将此人的头颅连同狰狞的牙齿据为己有。到底他是如何以进化之名，长出了这样的脑袋和牙口，以及其他稀奇古怪的体貌特征——野兽般龇牙咧嘴、嗓门尖细，变得这般非人非兽、格格不入？他的身形令人赞叹，如此完整、平衡，难道这仅仅是大自然孕育的一胎怪物？还是一种突变，抑或是一种变异——是关于新型人类的一个实验，由自然女神在遥不可及的过去构想，却一再错过时机，一直拖到现在才实行？或者与不久前在伦敦展出的毛人小女孩一样，属于神奇的返祖现象，远祖人类的形态重新显现在现代人类身上，就如记忆把儿时的画面带回老人的脑海里那样。连我在梦中所见的怪物都不及他的形象诡异吓人，这当然不是做梦，而是我亲眼所见的活生生的现实，我还同他讲过几句话。除非冰冷的刀剑将他的身体刺穿，或是遭到马儿踩踏、疯牛顶撞——其他种种命丧荒原的方式略去不表，这家伙准还活得好好儿的，正当好年华，说不定此刻就在当年那个我们相遇的小酒馆里找陌生人给他买酒喝呢。现有的头骨化石显示，旧石器时代的古人类前额低平，鼻宽大，上颌突出，下巴缩进，（从现代人的眼光看）狰狞可憎、充满野性，荒蛮之极；皮卡迪利大街上如果迎面走来这样一张面孔，胆小的人定会被吓到。可古人类化石的齿形却与我们的相差无几，只是更大、更有力，完美匹配咀嚼猛犸象和独角犀生肉的功能。因此，如果酒馆的那个怪人真是一种古人类形态的重现，那么这种形态一定比旧石器时代的人类更为原始，来自更加久远的年代，地质记录上也未必能找到这段历史的痕迹。我的遐想似乎毫无意义，而我之所以垂涎这颗脑袋倒也不是指望它能带来什么新发现。我的渴望源自于一个不甚高尚的动机。我想带它漂洋过海来到不乏智者的旧大陆，像又一颗掉落的苹果那样，抛到人类学家和进化论者中间，当然还得刻上"致博学多闻者"几个字，但不透露产地及其他信息。

---

① 达雅克人是东南亚加里曼丹岛的古老居民，为原始马来人的后裔。据说达雅克族有猎头的风俗，猎杀陌生人或敌人后将头颅斩下，于传统的葬礼上展示，但这种做法现已消失。——译者注

我自己呢，趣味低级，准备偷偷躲起来，津津有味地看一场好戏。它必将引发盛大的论战。无数出土的骨片、织物曾点起辩论的滚滚硝烟，尼安德特人的头盖骨更是翻卷起层层巨浪，而这个头骨对每一位生物学骑士来说都将意味着一场更激烈、更持久、更致命的战斗。